水利工程施工技术与管理实践

高斌　王化琮　杨帅　主编

延边大学出版社

图书在版编目（CIP）数据

水利工程施工技术与管理实践 / 高斌，王化琼，杨帅主编. -- 延吉 : 延边大学出版社，2023.6

ISBN 978-7-230-05128-6

Ⅰ. ①水… Ⅱ. ①高… ②王… ③杨… Ⅲ. ①水利工程－工程施工②水利工程管理 Ⅳ. ①TV5②TV6

中国国家版本馆CIP数据核字(2023)第109121号

水利工程施工技术与管理实践

主　　编：高　斌　王化琼　杨帅
责任编辑：王治刚
封面设计：文合文化
出版发行：延边大学出版社
社　　址：吉林省延吉市公园路977号　　　邮　　编：133002
网　　址：http://www.ydcbs.com　　　E-mail：ydcbs@ydcbs.com
电　　话：0433-2732435　　　传　　真：0433-2732434
印　　刷：三河市嵩川印刷有限公司
开　　本：710×1000　1/16
印　　张：12.5
字　　数：200 千字
版　　次：2023 年 6 月 第 1 版
印　　次：2023 年 6 月 第 1 次印刷
书　　号：ISBN 978-7-230-05128-6

定价：65.00 元

编 写 成 员

主　　编：高　斌　王化琮　杨　帅

副 主 编：郭军德　陈建城　赵文钧　邓项舒

编　　委：曹昕炜

编写单位：

德州市水利工程施工与维修中心

济南市水利工程服务中心

宁夏水利水电勘测设计研究院有限公司

兰州昌佳汇智科技有限公司

中国长江三峡集团股份有限公司山西分公司

安吉县山川乡人民政府

前　言

我国在发展的过程中尤为重视水利工程建设，在水利工程建设过程中，我国投入了大量资金，也提出了更为严格的要求。

研究发现，水利工程建设有一定的复杂性，在建设和施工管理过程中存在多种不确定因素，阻碍了水利工程的建设管理，导致在建设和管理过程中存在一定的安全隐患。为了确保我国水利工程建设的质量，水利工程建设管理部门在进行施工管理的过程中要做好相关规划，明确施工目标，合理组织施工，要使水利工程的施工和管理最优化，取得更好的水利工程施工管理效果。在水利工程建设与管理过程中，相关人员要实事求是，解决问题，明确主要的管理对策，从而形成有效的施工管理方案。

作为水利工程建设的主要内容，水利工程施工技术管理本身具有较强的综合性及复杂性，涉及内容较广，需要对所有施工环节进行有效管理，对工程各个环节实施动态管理，从而不断提高水利工程的建设质量。同时，水利工程建设工程量较大，施工环节较多，并且不同施工环节之间具有较强的关联性，一旦某个施工环节出现质量问题，就会影响后续的施工质量，因此要对不同施工环节进行全面管理。而在进行全面管理的过程中，施工单位内部各个部门要加强合作，开展有效的沟通，完成各自的任务，进一步提高对水利工程施工技术的管理质量，并在此基础上不断创新与改进水利工程技术，使工程成本得到有效控制，提高水利工程建设的效率。

全书共六章：第一章主要探讨施工导流；第二章主要介绍土石坝工程施工技术的相关内容；第三章主要介绍混凝土工程施工技术的相关内容；第四章主要介绍水闸工程施工技术的相关内容；第五章主要介绍管道工程施工技术的相

关知识；第六章主要介绍水利工程施工管理的相关内容。

笔者在撰写本书的过程中，参考了大量的文献资料，在此对相关文献资料的作者表示感谢。此外，由于时间和精力有限，书中难免会存在不足之处，敬请广大读者和各位同行予以批评指正。

笔者

2023 年 3 月

目　　录

第一章　施工导流

第一节　施工导流的基本知识

一、施工导流的概念及作用

（一）施工导流的概念

水利工程施工均是在大小江河或滨湖、滨海地区进行，相当一部分建筑物位于河床中，而修建这些建筑物又必须创造干地施工的条件。为了解决这一问题，就需要在河床中修筑围堰，围护基坑，并将河道中各时期的上游来水量按预定的方式导向下游，这就是施工导流。

（二）施工导流的作用

施工导流首先要修建导流泄水建筑物，然后修筑围堰，进行河道截流，迫使河道水流通过导流泄水建筑物下泄；此后还要进行基坑排水，并保证汛期在建的建筑物和基坑安全度汛；当主体建筑物修建到一定高程后，再对导流泄水建筑物进行封堵。因此，施工导流虽属临时工程，但在整个水利工程建设中是一个至关重要的单位工程，它不仅关系到整个工程施工进度及工程完成时间，还对施工方法的选择、施工场地的布置以及工程的造价有很大影响。

例如，当某项水利工程在施工时采用的施工导流标准过低，而上游实际来水量大于设计所采用的施工导流流量时，这将导致围堰工程失事，基坑被淹，尤其是在工程度汛时，将直接影响工程施工质量，威胁下游人民群众生命财产安全；反之，施工导流标准选择过高，将会增加导流泄水建筑物及围堰工程的修筑工程量，使工程的造价增加，从而造成浪费。

为了解决好施工导流问题，在工程的施工组织设计中必须做好施工导流设计工作。其设计任务如下：分析研究当地的自然条件、工程特性和其他行业对水资源的需求来选择导流方案，划分导流时段；选定导流标准和导流设计流量，确定导流建筑物的规格、构造和尺寸；拟定导流建筑物的修建、拆除、封堵的施工方法，拟定河道截流、拦洪度汛和基坑排水的技术措施；通过技术经济比较，选择一个经济合理的导流方案。

二、施工导流基本方法

施工导流的基本方法可分为分段围堰法导流和全段围堰法导流两类。

（一）分段围堰法导流

分段围堰法导流，也称分期围堰法导流或河床内导流。但是，习惯上则多称其为分期导流。所谓分段，就是将河床围成若干个基坑，分段进行施工。所谓分期，就是从时间上将导流过程划分成若干阶段。分段是就空间而言的，分期是就时间而言的。导流分期数和围堰分段数并不一定相同，段数分得越多，施工越复杂；期数分得越多，工期拖延越长。因此，在工程实践中，两段两期导流方式采用得最多。

在流量很大的平原河道或河谷较宽的山区河流上修建混凝土坝枢纽时，宜采用分期导流的方式。这种导流方式较易满足通航、过木、排冰、过鱼、供水等要求。根据不同时期泄水道的特点，分期导流方式又可以分为束窄河床导流和通过已建或在建的永久建筑物导流。

1.束窄河床导流

束窄河床导流通常用于分期导流的前期阶段,特别是一期导流。其泄水道是被围堰束窄后的河床。当河床覆盖层是深厚的细土粒层时,则束窄河床不可避免地会产生一定的冲刷。对于非通航河道来说,只要这种冲刷不危及围堰和河岸的安全,一般都是允许的。

2.通过已建或在建的永久建筑物导流

这种泄水道多用于分期导流的后期阶段。

(1)通过已建的永久建筑物导流

修建低水头闸坝枢纽时,一期基坑中通常均布置有永久性泄水建筑物,可供二期导流泄水之用。例如,葛洲坝工程一期基坑中布置有泄水闸和冲沙闸,二期导流时,泄水闸供正常导流泄水之用。遇到特大洪水时,冲沙闸也参与二期导流。

(2)底孔导流

利用设置在混凝土坝体中的永久底孔或临时底孔作为泄水道,是二期导流经常采用的方法。采用一次拦断法修建混凝土坝枢纽时,其后期导流也常利用底孔。

(3)缺口导流

当导流底孔的泄水能力不够,致使围堰高度过大时,可在混凝土坝体上预留缺口,作为洪水期的临时泄水通道。坝体的非缺口部分,在洪水期尚可继续施工。通常,缺口均与底孔或其他泄水建筑物联合工作,不能作为一种单独的导流方法。否则缺口处的坝体将无法继续升高。

(4)梳齿孔导流

这种导流方法因其泄水道断面形状类似于梳齿而得名,与底孔或缺口导流相比,其主要区别在于完建阶段的施工方法不同。因为梳齿孔是主要泄水道,在完建阶段,只能使梳齿孔按一定顺序轮流过水,并轮流在闸门掩护下浇筑孔口间的混凝土。梳齿导流法可用于低水头闸坝枢纽的修建。

（5）厂房导流

厂房导流适用于平原河道上的低水头河床式径流电站，比如我国的七里泷、西津水电站。个别高、中水头坝后式厂房和隧洞引水式电站厂房，也有通过厂房导流的，比如尼日利亚的凯基电站和埃及的阿斯旺电站。

分期导流法中还有一种特殊情况，习惯上称其为滩地法施工。这种导流方法与枢纽布置有密切关系。国外早期的水利工程建设中，有些平原河流的通航要求很高，施工期通航不允许受阻，但河床又极易受到冲刷。因此，工程施工过程中，河床基本上不允许受到束窄或者只允许受到轻微束窄，在具有宽阔滩地的平原河流上，枢纽布置设计时就将泄水建筑物布置在滩地上。枯水期河道水位比滩地低，一期施工先围滩地，一般无须修建围堰或者只用修建很低的围堰。滩地法施工的一期导流泄水道是未被束窄的河床（枯水期），或略加束窄的河床（洪水期）。二期施工时的泄水道是滩地上已完建或未完建的混凝土建筑物。因此，滩地法可视为分期导流的特例。

在山区河道上修建混凝土坝或堆石坝时，无论是一次拦断，还是分期导流，只要基坑内正在施工的坝体允许过水，就可利用过水围堰淹没基坑宣泄部分流量。淹没基坑导流只能作为一种辅助导流方式，其作用类似于缺口导流，不能当作独立的导流方式使用。

由于实际施工中很少采用某种单一的导流方法，一般都是几种导流方法相组合，所以对于导流方法的命名与分类，还存在一些不同的看法。在国内外导流工程实践中，明渠导流与分期导流往往较难区分。底孔也可用于一次拦断法的后期导流，但是在分期导流中采用底孔的情况更为普遍，而且更具代表性。因此多数人均将底孔导流划入分期导流方法。

（二）全段围堰法导流

全段围堰法导流是指在河床外距主体工程轴线（如大坝、水闸等）上下游一定的距离处修筑一道拦河堰体，使河道中的水流经河床外修建的临时泄水道或永久泄水建筑物下泄，待主体工程建成或接近建成时，再将临时泄水道封堵或将永久泄水建筑物的闸门关闭。

全段围堰法导流一般适用于枯水期流量不大，河道狭窄的中小河流。根据导流泄水建筑物的类型可分为明渠导流、隧洞导流、涵管导流。

1.明渠导流

明渠导流是在河岸或河滩上开挖渠道，在基坑的上下游修建横向围堰，河道的水流经渠道下泄。这种施工导流方法一般适用于岸坡平缓或有一岸具有较宽的台地、垭口或古河道的地形时采用。例如，工程修建在河流弯道上，裁弯取直开挖明渠往往更为经济。

布置导流明渠，一定要保证明渠水流顺畅、泄水安全、施工方便。因此，明渠进出口处的水流与原河道主流的交角宜小于30°。为保证明渠中水流顺畅，明渠的弯道半径应大于等于 3～5 倍的渠底宽度。渠道的进出口与上下游围堰间的距离不宜小于 50 m，以防止明渠进出口处的水流冲刷围堰的堰脚。为了延长渗径，减少明渠中的水流渗入基坑，明渠与基坑之间要有足够的距离。导流明渠最好是单岸布置，以利于工程施工。

导流明渠多采用梯形断面形式，在岩石完整、渠道不深时，宜采用矩形断面。渠道的过水能力取决于过水断面面积的大小和渠道的粗糙程度。为了提高渠道的过水能力，导流明渠可进行混凝土衬砌，以降低糙率和提高抗冲刷能力。

2.隧洞导流

隧洞导流是在河岸边开挖隧洞，在基坑的上下游修筑围堰，施工期间河道的水流通过隧洞下泄。这种导流方法适用于河谷狭窄、两岸地形陡峻、地质条件良好、分期导流和明渠导流均难以采用的山区河流，特别是在深山峡谷修建各类挡水建筑物时，隧洞导流更是常用的导流方式。但是，由于隧洞的泄水能力有限，汛期往往不能满足泄洪的要求，因而在汛期施工度汛时需要另外采取其他泄洪度汛措施，如采用过水围堰允许淹没基坑，或采用隧洞与其他导流泄水建筑物联合泄洪度汛。

隧洞是一种工程造价较高，工期长且施工过程又较为复杂的建筑物，往往会影响施工总进度，应提前完工，以保证导流时投入使用。在施工设计时，应尽可能将施工导流洞与永久性水工隧洞结合，如将施工导流洞与灌溉、发电相结合。在结合确有困难时，才考虑设置专用的导流隧洞，在导流任务完成后，便进行封堵。

应根据地形、地质、枢纽布置、水流条件等选择导流隧洞的洞线，既要减少工程量、节省工程费用，又要方便施工、便于管理。地质条件是选择洞线时首先要考虑的因素，一般隧洞应布置在岩石坚固、没有断层或断层较少，且裂隙不发育，以及地下水不多的山体内。为使隧洞围岩的结构稳定，隧洞的埋置深度通常不小于洞宽或洞径的 3 倍。为提高隧洞的泄水能力，应注意改善沿内的水流条件；隧洞的进出口用引渠与上下游河床水流衔接，引渠轴线与河道主流的交角宜小于 30°；隧洞宜直线布置，必须设置弯道时，其转弯半径应大于洞径或洞宽的 5 倍，弯道前后设置的直线段的长度应大于 10 倍的洞径或洞宽。隧洞引渠的进出口距上下游围堰坡脚应有足够的距离，一般在 50 m 以上，以防止水流冲刷围堰的坡脚。

隧洞断面形状主要取决于地质条件及洞内水流流态。常用的断面形状为方圆形，有时也采用圆形或马蹄形的断面。方圆形断面施工方便，且底部矩形部分过水面积大，和圆形断面相比，可在同一高程、同一洞径的条件下增大过水面积，减小截流落差，以利于截流施工。但在地质条件差或地下水位高的情况下，方圆形断面衬砌的边墙及底板会承受较大的应力，这时宜采用圆形或马蹄形断面。一般临时导流隧洞可以根据地质条件选择全部衬砌、部分衬砌或不衬砌。当洞内流速大于 20 m/s 时，可作锚喷支护。对于地质条件较好、流速不大的隧洞可不作衬砌，但应在开挖时采用光面爆破技术来降低糙率，提高隧洞的泄水能力。

3.涵管导流

涵管导流一般在修筑土坝、堆石坝等工程中采用。由于涵管的泄水能力较弱，因此一般用于流量较小的河流上或只用来担负枯水期的导流。

导流涵管通常布置在靠河岸边的河床台地或岩基上，进水口底板高程常设在枯水期水位以上，这样可以不修围堰或只需修建一个小的子堰便可修建涵管，待涵管建成后，再在河床处坝轴线的上下游修筑围堰，截断河水，使上游来水经涵管下泄。

导流涵管一般采用的是门洞形断面或矩形断面。当河岸为岩基时，可在岩基中开挖一条矩形沟槽，必要时加以衬砌，然后封上钢筋混凝土盖板，形成涵管。当河岸为台地时，可在台地上开挖出梯形沟槽，然后在沟槽内修建钢筋混凝土涵管。为了防止涵管外壁和坝内防渗体之间发生渗流，必须严格控制涵管外壁处坝体防渗土料的分层压（夯）实质量，同时要在涵管的外壁每隔一定的距离设置一道截水环，截水环与涵管连成一体同时浇筑，其作用是延长渗透水流的路径，降低渗流的水力坡降，减小渗流的破坏作用。此外，涵管本身的温度缝或沉陷缝中的止水也须认真处理。

第二节　截流工程

一、截流工程的概念及作用

截流工程是指在泄水建筑物接近完工时，即以进占方式自两岸或一岸建筑戗堤（作为围堰的一部分）形成龙口，并将龙口防护起来，待泄水建筑物完工以后，在有利时机，全力以最短时间将龙口堵住，截断河流。接着在围堰迎水面投抛防渗材料闭气，水即全部经泄水道下泄。与闭气同时，为使围堰能挡住当时可能出现的洪水，必须立即加高培厚围堰，使之迅速达到相应设计水位的高程以上。

截流工程是整个水利枢纽施工的关键，它的成败直接影响工程进度。如果截流工程失败，就可能使进度推迟一年。截流工程的难易程度取决于：河道流量、泄水条件；龙口的落差、流速、地形地质条件；材料供应情况及施工方法、施工设备等因素。因此，事先必须经过充分的分析研究，采取适当措施，争取在截流施工中占据主动，这样才能顺利完成截流任务。

二、截流方法的选择

（一）投抛块料截流

投抛块料截流是目前国内外最常用的截流方法，适用于各种情况，特别适用于流量大、落差大的河道上的截流。该方法是在龙口投抛石块或人工块体（混凝土块、混凝土四面体、铅丝笼、竹笼、柳石枕、串石等）堵截水流，迫使河水经导流建筑物下泄。采用投抛块料截流，按不同的投抛合龙方法，截流可分为平堵、立堵、混合堵三种。

1.平堵

先在龙口建造浮桥或栈桥，由自卸汽车或其他运输工具运来块料，沿龙口前沿投抛，先下小料，随着流速增加，逐渐投抛大块料，使堆筑戗堤均匀地在水下上升，直至高出水面，截断河床。一般来说，平堵比立堵法的单宽流量小，最大流速也小，水流条件较好，可以减小对龙口基床的冲刷，所以特别适用于易冲刷的地基上的截流。由于平堵架设浮桥及栈桥，对机械化施工有利，因而投抛强度大，容易截流施工。但在深水高速的情况下架设浮桥和建造栈桥是比较困难的，不利于这种截流方法的应用。

2.立堵

用自卸汽车或其他运输工具运来块料，以端进法投抛（从龙口两端或一端下料）进占戗堤，直至截断河床。一般来说，立堵在截流过程中产生的流速及单宽流量都比较大，再加上所生成的楔形水流和下游形成的立轴漩涡，对龙口及龙口下游河床将产生严重冲刷，因此不适用于地质不好的河道上的截流，若要使用该方法，需要对河床进行妥善防护。由于端进法施工的工作前线短，所以限制了投抛强度。有时为了满足施工交通要求特意加大戗堤顶宽，这又大大增加了投抛材料的消耗量。但是立堵法截流，无须架设浮桥或栈桥，简化了截流准备工作，因而赢得了时间，节约了投资，所以我国许多水利工程都采用了这个方法进行截流。

3.混合堵

混合堵是立堵与平堵相结合的方法，有先平堵后立堵和先立堵后平堵两种。用得比较多的是首先从龙口两端下料保护戗堤头部，同时进行护底工程施工，并抬高龙口底槛高程到一定高度，最后用立堵法截断河流。平堵可以采用船抛，然后用汽车立堵截流。新洋港（土质河床）就是采用这种方法截流的。

（二）爆破截流

1.定向爆破截流

如果坝址处于峡谷地区，并且岩石坚硬，交通不便，岸坡陡峻，缺乏运输设备时，可利用定向爆破的方法进行截流。我国碧口水电站的截流就是利用左岸陡峻岸坡设置了三个药包，一次定向爆破成功，堆筑方量达 6 800 m³，堆积高度平均为 10 m，封堵了预留的 20 m 宽的龙口，有效抛掷率为 68%。

2.预制混凝土爆破体截流

在合龙的关键时刻，要想在瞬间将大量材料抛入龙口，以封闭龙口，除用定向爆破岩石的方法外，还可在河床上预先浇筑巨大的混凝土块体，合龙时用爆破法将其支撑体炸断，使块体落入水中，将龙口封闭。我国三门峡神门岛泄水道的合龙就曾利用此法抛投 45.6 m³ 的大型混凝土块。

应当指出的是，采用爆破截流，虽然可以利用瞬时的巨大抛投强度截断水流，但因瞬间抛投强度很大，材料入水时会产生很大的挤压波，巨大的波浪可能使已修好的戗堤遭到破坏，并会造成下游河道瞬时断流。除此之外，定向爆破岩石时，还须校核个别飞石距离以及空气冲击波和地震的安全影响距离。

（三）下闸截流

人工泄水道的截流通常是在泄水道中预先修建闸墩，最后采用下闸截流。天然河道中，有条件时也可设截流闸，最后下闸截流。三门峡鬼门河泄流道就曾采用这种方式，下闸时最大落差达 7.08 m，历时 30 余小时；神门岛泄水道也曾考虑下闸截流，但闸墩在汛期被冲倒，后来改为管柱拦石闸截流。

除以上方法，还有一些特殊的截流合龙方法，如木笼、钢板桩、草土、枊槎围堰截流，埽工截流，水力冲填法截流等。

综上所述，截流方法虽多，但通常多采用立堵、平堵或综合截流方法。截流设计中，应充分考虑影响截流方法选择的条件，拟定几种可行的截流方法，同时全面分析水文气象条件、地形地质条件、综合利用条件、设备供应条件、经济指标等，进行技术比较，从中选定最优方案。

三、截流工程施工设计

（一）截流时间和设计流量的确定

1.截流时间的选择

应根据枢纽工程施工控制进度计划或总进度计划确定截流时间，至于时段选择，一般应考虑以下原则，全面分析比较后再决定。

第一，尽可能在流量较小时截流，但必须全面考虑河道水文特性和截流应完成的各项控制工程量，合理利用枯水期。

第二，对于具有通航、灌溉、供水、过木等特殊要求的河道，应全面兼顾这些要求，尽量使截流对河道综合利用的影响最小。

第三，有流冰期的河流，一般不在流冰期截流，以避免截流和闭气工作复杂化。如遇特殊情况，如在流冰期截流时应有充分准备，并有周密的安全措施。

2.截流设计流量的确定

一般设计流量按频率法确定，根据已选定截流时段，采用该时段内一定频率的流量作为设计流量。除频率法外，也有不少工程采用实测资料分析法，当水文资料系列较长，河道水文特性稳定时，可以使用这种方法。至于预报法，因当前的可靠预报期较短，一般不能在初设中应用，但在截流前夕有可能根据预报流量适当修改设计。

在大型工程截流设计中，通常以选取的一个流量为主，再考虑较大、较小流量出现的可能性，用几个流量进行截流计算和模型试验研究。对于有深槽和浅滩的河道，如分流建筑物布置在浅滩上，会对截流产生不利影响，要特别进行研究。

（二）截流戗堤轴线位置和龙口位置的选择

1.截流戗堤轴线位置选择

通常截流戗堤是土石横向围堰的一部分，应结合围堰结构和围堰布置统一考虑。单戗截流的戗堤可布置在上游围堰或下游围堰中非防渗体的位置。如果戗堤靠近防渗体，在二者之间应留足闭气料或过渡带的厚度，同时应防止合龙时的流失料进入防渗体部位，以免在防渗体底部形成集中漏水通道。为了在合龙后能迅速闭气并进行基坑抽水，一般情况下将单戗堤布置在上游围堰内。

当采用双戗或多戗截流时，戗堤间距需要满足一定要求，才能发挥每条戗堤分散落差的作用。如果围堰底宽不太大，上、下游围堰间距也不太大时，可将两条戗堤分别布置在上、下游围堰内，大多数双戗截流工程都是这样做的。

如果围堰底宽很大，上、下游间距也很大，可以考虑将双戗布置在一个围堰内。当采用多戗截流时，一个围堰内通常要布置两条戗堤，此时，两戗堤间应保持适当间距。

在采用土石围堰的情况下，须将截流戗堤布置在围堰范围内。但是也存在戗堤不与围堰相结合的情况，戗堤轴线位置选择应与龙口位置相一致。如果围堰所处地的地质、地形条件不利于布置戗堤和龙口，而戗堤工程量又很小，则可将截流戗堤布置在围堰以外。龚嘴水电站的截流戗堤就布置在上、下游围堰之间，而不与围堰相结合。

2.龙口位置选择

选择龙口位置时，应着重考虑地质、地形条件及水力条件。从地质条件来看，龙口应尽量选在河床抗冲刷能力强的地方，如岩基裸露或覆盖层较薄处，这样可以避免合龙过程中冲刷力过大，防止戗堤突然塌方。从地形条件来看，龙口河底不宜有顺流流向陡坡和深坑。如果龙口能选在底部基岩面粗糙、参差不齐的地方，则有利于抛投料的稳定。另外，龙口周围应有比较宽阔的场地，离料场和特殊截流材料堆场的距离近，便于布置交通道路、组织高强度施工，这一点也是十分重要的。从水利条件来看，对于有通航要求的河流，预留龙口一般均布置在深槽主航道处，以便于合龙前的通航。至于对龙口的上下游水流条件的要求，以往的工程设计中有两种不同的见解：一种是认为龙口应布置在浅滩，并尽量使得水流进出龙口时发生折冲和碰撞，以增大附加壅水作用；另一种见解是，进出龙口的水流应平直顺畅，因此可将龙口设在深槽中。实际上，这两种布置各有利弊，前者进口处的强烈侧向水流不利于戗堤端部抛投料的稳定，由龙口下泄的折冲水流易冲刷下游河床和河岸。后者的主要问题是合龙段戗堤高度大，进占速度慢，而且深槽中水流集中，不易创造较好的分流条件。

（三）截流泄水道的设计

截流泄水道是指在戗堤合龙时水流通过的地方，如束窄河槽、明渠、涵洞、隧洞、底孔和堰顶缺口等均为泄水道。截流泄水道的过水条件与截流难度关系很大，应该尽量创造良好的泄水条件，降低截流难度，平面布置应平顺，控制断面，尽量避免过大的侧收缩、回流。弯道半径要适当，以减少不必要的损失。应结合截流难度确定泄水道的泄水能力、尺寸、高度。在有充分把握截流的条件下尽量减少泄水道工程量，降低造价。在截流条件不利、难度大的情况下，可加大泄水道尺寸或降低高程，以降低截流难度。泄水道计算中应考虑沿程损失、弯道损失、局部损失。弯道损失可单独计算，亦可纳入综合糙率计算。如泄水道为隧洞，截流时其流态以明渠为宜，应避免出现半压力流态。对于截流难度大或条件较复杂的泄水道，应通过模型试验核定截流水头。

泄水道内围堰应拆除干净，少留阻水埂。如估计来不及或无法拆除干净时，应考虑其对截流水头的影响。如截流过程中，由于冲刷因素有可能使下游水位降低，增加截流水头时，则在计算和试验时应予以考虑。

第三节　围堰施工

一、围堰的概念

围堰主要是指在水利工程项目建设过程中，为了保证水利工程项目各项施工工作顺利开展而修建的临时性围护结构，修建围堰的主要目的是预防外部水流进入施工区域，进而影响施工的正常开展。围堰主要应用于水工建筑当中，围堰使用完毕之后大多会被拆除。

二、围堰施工的原则

（一）围堰设计合理化、简单化

在对水利工程施工之前，一般都会搭建围堰结构，搭建围堰结构的主要目的是为后期开展水利工程项目奠定基础，等整个水利工程项目施工结束后，大多数围堰结构都会被拆除。在拆除围堰结构时，施工人员必须综合考虑和分析各方面因素，并不是所有的水利工程项目施工结束后都会拆除围堰，水利工程项目和围堰并存的现象也时有发生。因此，在对围堰进行设计的过程中，必须全面考虑围堰施工过程中出现的问题，最大限度地保证围堰施工的科学性及稳定性。

（二）围堰构筑的稳定

围堰施工并不是一件简单的事情，在对其进行施工之前，工作人员必须到现场进行深入考察，综合其他各方面因素去考虑和分析，使用最佳的围堰施工方式，只有这样才能保证围堰施工的合理性。在确定围堰施工方式之后，必须深挖基坑、深埋桩体，固定围堰构造，选择质量可靠的施工材料，只有这样才能保证围堰的安全性。在选择建筑材料时，有一点需要特别注意，最好选用与当地土质、水流特性相匹配的施工材料，这样能更好地保证整个围堰工程的施工质量。在施工过程中，钢筋混凝土材质的应用是最为广泛的。因此，在实际应用过程中必须全面考虑和分析各种因素，选择合适的施工材料，以有效预防堰体在施工过程中出现崩塌、渗漏现象，从而为保证后续工作的稳步开展奠定基础。

（三）围堰接头结构严密

围堰接头结构严密是保证围堰结构整体稳定性的重要基础。所以，在开展水利工程建设时，增强围堰接头的牢固性非常重要。施工人员应定期对围堰接头进行维护，及时处理渗漏问题，这样能有效消除影响围堰稳定性的因素。在处理围堰接头的过程中，一般会采取增加接触面、加深地底嵌入或者延长防渗路线等措施，来减少渗漏破坏，以此达到延长围堰使用寿命的目的。当下处理围堰接头的方式多种多样，在实际应用过程中必须根据具体问题采取合理的处理方式。例如，在遇到坚硬岩石时，应把堰体和岩石构筑充分连接在一起，还可以在透水层下面深埋堰体。通常情况下，河流岸边的防渗地段都会高于整个水面，只有这样才能有效抵挡流水的冲击。

（四）围堰构筑经济合理

堰体是整个水利工程项目开展的重要基础。因此，在对堰体进行施工时都会加固堰体。这就需要堰体设计人员综合考虑和分析各个因素，应用科学、合理的方式来设计围堰构筑结构，只有这样才能更好地控制围堰构筑成本。在对围堰进行勘探或者在地基选定、基坑开挖时，施工人员必须坚持高效、安全、优质的原则，应用科学、合理的方式控制每个环节的成本，进而确保围堰各项工作能正常、稳定开展。

三、围堰施工技术的基本类型

（一）钢板桩围堰技术

钢板桩围堰具有挡水能力强、操作简单的特点，主要用于水深超过 5.5 m 的区域。在实际操作过程中，需要技术人员结合施工区域的实际情况，合理区分构体、双层、单层的结构形式，合理设计钢板桩的具体形状，如采用长方形钢板桩施工模式，在焊接过程中需要拆分钢板桩钢材。在操作过程中，需要事先确定打桩锤、打桩架及其他打桩设备，钢板桩的质量不得大于打桩锤的质量。

围堰的设计需要经过精确的测量，可采用前方交会法测量与河岸距离比较远的围堰。在钢板桩插打过程中，可结合施工现场的实际情况，合理地选择插打方法，也可以利用其他设备，重点是保证工程质量和施工效率。在施工过程中如出现接口漏水现象，应及时填塞，以免影响后续施工。

（二）木板桩围堰技术

为降低水利工程施工成本，节省施工时间，有时候需要采用木板桩施工技术。在施工过程中，如果附近区域存在可以利用的木材，可以采用木板桩围堰技术。河流深度在 2.9～5.5 m，水流整体速度不高于 5.5 m/s，河床透水性强的情况下也可以采用木板桩围堰技术。在实际操作过程中，需要将四块木板组合插打，以增加木板缝隙位置的密实度，保证木板结合质量。如实际需求与木板长度之间存在差异，则需要依据设计方案，在水面位置设计导框，确定木板位置后，在垂直方向上插打施工，在施工中需要完成插入后再进行打桩，以保证各个木板结合紧密，全面提高施工建设效率。

（三）双壁钢围堰技术

双壁钢围堰技术具有施工效率高、施工质量好等优势，也具有一定的环保性和安全性，在水利工程建设中应用广泛。双壁钢围堰技术可应用于水比较深的区域，在施工前期，技术人员需要对水深进行探测，确定是否可以利用该技术进行施工。在操作过程中，需要根据水利工程的实际情况和具体施工参数确定围堰规格。施工过程中需要保证双壁钢外层结构的刃脚能稳定支撑在岩石或地表位置，从而为后期钻孔提供必要的基础支持。岩石需要与护筒下方位置接近，护筒顶端位置需要高于封底位置的混凝土，具体尺寸为 15～100 cm，固定方式为串联。完成混凝土浇筑、拆除装置的过程中需要拉出固定架，并将连接装置拆除，主要方式为潜入水下拆除，将固定支架拉出。若混凝土墩身位置高出水面，需要将双壁钢围堰上方位置拆除。双壁钢围堰内壁和外壁的拆除需要分别在无水和有水的条件下完成。

（四）土围堰技术

土围堰技术主要是利用结构自身的重量保证围堰的安全性和稳定性，该技术主要应用于水深在 2.2 m 以下以及流速低于 30 m/s 的施工区域，在河床透水性不强的情况下也可以利用该技术进行施工。砂石地质由于自身稳定性不足，利用土围堰进行施工会产生坍塌等问题，为此需要结合工程实际情况，合理选择其他类型的围堰技术。在施工过程中，需要将围堰顶端位置的宽度控制在 1.5～2.2 m，利用设备在特定的位置开挖。施工前期需要清理围堰周边位置的杂物，以确保施工顺利进行。在完成填筑后，需要进行夯实处理，以加强土壤结构，提高土围堰的密实度。

四、围堰施工技术的应用

（一）主要应用流程

在水利施工中应用围堰技术需要按照特定的流程进行，确保水利工程质量符合要求。在设计阶段，需要相关人员深入分析工程的实际情况，考察围堰轴线长度、围堰尺寸、水文条件、地质条件等，合理选择应用的地质类型，确保围堰施工的可靠性。在围堰设计中，护脚是需要重点考虑的内容，设计人员需要结合工程的实际情况，确定支护结构的作用，同时应当在护脚位置配置护脚桩；为增加围堰稳定性和强度，需要采取钢板支护结构。围堰施工结束后需要通过人工或机械的方式挖掘排水沟，清理围堰内的淤泥和杂物，为后期施工创造良好的条件。

（二）围堰导流

围堰导流是水利工程施工的核心环节，根据水利工程的实际情况，可以采用全段和分段两种不同的导流方法。分段围堰导流主要应用于规模较大的水利工程，要求水流速度比较快、河床面积宽阔，在施工过程中需要将围堰分成不同段，从两岸位置逐渐向中心位置靠近，最终完成围堰的整体操作。全段围堰导流主要应用于水流量比较大、河床面积狭窄的区域，设置围堰能够对水流进行一次性阻断，并将其导入预先建造的水利工程结构中。

（三）黏土填充

黏土填充是围堰施工的重点环节，通过合理的施工处理能够提高围堰的安全性和稳定性。在围堰与水利工程主体连接的过程中需要广泛收集各类数据信息资源，为保证黏土完全填充，需要精确测量围堰的轴线位置，以降低围堰底部出现缝隙的概率。选择黏土应按照就地取材的原则，在保证质量的基础上降低成本。如水利工程施工需采用分层填筑的模式，需要控制每层填充厚度，完成后需要对密实度和平整度进行检测。完成黏土填充后需要进行夯实和碾压处理，并选择适宜的碾压设备，以确保围堰结构稳定性指标符合水利工程的基本要求。

（四）围堰平面布置

围堰的主要作用是挡水，在设计阶段需要充分考虑所在地区的资源情况、地理条件等因素，保证围堰质量。围堰平面布置主要包括排水、道路、材料堆放、模板、建筑主体轮廓等内容。通常情况下，基坑边坡位置与建筑主体轮廓距离应控制在 20~30 m，纵向坡度与建筑主体轮廓之间的距离应控制在 2 m 以下，并要确定合理的基坑面积，以保证排水顺利进行。在围堰整体结构形成后，需要排除施工废水、渗透水、雨水等积水，也需要及时排除天然降水和基础渗水，以消除水利工程安全隐患。

（五）加固与拆除

针对围堰结构在长期使用中出现的塌方、渗水等问题，需要结合实际情况进行加固处理，技术人员可结合水利工程情况，利用沙袋或土石进行覆盖性加固，结合天气情况和汛期情况，合理地选择施工加固技术，保证围堰结构的稳定性。拆除围堰结构的过程中，部分材料需要回收利用，从而降低垃圾产生量，保护周边环境。

第四节　封堵蓄水

一、蓄水计划

水库的蓄水与导流用临时泄水建筑物的封堵有密切关系，只有将导流用临时泄水建筑物封堵后，才有可能实现水库蓄水。因此，必须制订一个积极可靠的蓄水计划，既能满足发电、灌溉及航运等方面的要求，保证工程顺利完工，又要力争在比较有利的条件下封堵导流用临时泄水建筑物，使封堵工作得以顺利进行。

水库蓄水要解决的主要问题如下。

第一，确定蓄水历时计划，并据以确定水库开始蓄水的日期，即导流用临时泄水建筑物的封堵日期。水库蓄水计划可按保证率为75%~85%的月平均流量过程线来制订。方法：可以从发电、灌溉及航运等方面所提出的使用期限和水位要求，反推出水库开始蓄水的日期。具体做法是根据各月的来水量减去下游要求的供水量，得出各月水库留蓄的水量，将这些水量依次累计，对照水库容积与水位关系曲线，就可以绘制出水库蓄水高程与历时关系曲线。

第二，校核水库水位上升过程中大坝施工的安全性，并据以拟定大坝浇筑的控制性进度计划和坝体纵缝灌浆进程。大坝施工安全校核的洪水标准，通常可选用 20 年一遇月平均流量。核算时，以导流用临时建筑物封堵日期为起点，按选定洪水标准的月平均流量过程线，用顺推法绘制水库蓄水过程线。应采取措施加快混凝土浇筑进度，或利用坝身永久底孔、溢流坝段、岸坡溢洪道或泄水隧洞放水，调节并限制水库水位上升。

蓄水计划是水利工程施工后期进行施工导流、安排施工进度的主要依据。

二、导流泄水建筑物的封堵

导流用临时泄水建筑物封堵下闸的设计流量，应根据河流水文特征及封堵条件确定，可参考封堵时段 5～10 年重现期的月或旬平均流量。封堵工程施工阶段的导流标准，可根据工程重要性、失事后果等因素在该时段 5～20 年重现期范围内选定。

导流用临时泄水建筑物，如隧洞、涵管及底孔等，若不与永久建筑物相结合，在蓄水时都要进行封堵。过去多采用金属闸门或钢筋混凝土叠合梁。前者耗费钢材，后者比较笨重且大多需要大型起重运输设备；而且为了封堵，常需要一定的埋件，这不利于迅速完成封堵工作。有些工程采用一些简易可行的封堵方法，还是很可取的。例如，湖北白莲河工程的导流涵管，采用定向爆破断流，用山坡土闭气；快速筑好进口围堰后，在静水条件下，立即浇筑水下混凝土墙作为临时堵头，继而抽水，再做涵管的永久混凝土堵头。

此外，也有在泄水建筑物进口平台上，预制钢筋混凝土整体闸门，借助多台绞车起吊下放封堵。这种方式断流快、水封好，只要起吊和下放时掌握平衡，下沉比较方便，不需要重型运输起吊设备，特别是在水位上升较快的工程中，最后封孔时被广泛采用。例如，新安江水电站导流底孔的封堵，在底孔的进水口设计中门闸墩，采用 5.9 m×17.2 m、重 321 t 的钢筋混凝土闸门。闸门在孔顶上游进口平台上就地浇筑，用手摇绞车下放就位。

闸门安放以后，为了加强闸门的水封防渗效果，在闸门槽两侧填以细粒矿渣并灌注水泥砂浆，在底部填筑黏土麻包，并在底孔内把闸门与坝面之间的金属承压板焊接起来。

导流用底孔一般为坝体的一部分，因此封堵时须全孔堵死；而导流用的隧洞或涵管并不需要全孔堵死，常浇筑一定长度的混凝土塞，就能起到永久挡水的作用。混凝土塞的最小长度可根据极限平衡条件由下述公式求出：

$$l = \frac{KP}{\omega \gamma g f + \lambda c} \tag{1-1}$$

式中：

l——混凝土塞的最小长度（m）；

K——安全系数，一般取 1.1～1.3；

P——作用水头之推力（N）；

ω——导流隧洞或涵管的断面积（m²）；

γ——混凝土容重（kg/m³）；

f——混凝土与岩石（或混凝土）的摩阻系数，一般取 0.60～0.65；

g——重力加速度（m/s²）；

λ——导流隧洞或涵管的周长（m）；

c——混凝土与岩石（或混凝土）的黏结力，一般取（5～20）×10⁴（Pa）。

当导流隧洞的断面面积较大时，混凝土塞的浇筑必须采取降温措施，不然产生的温度裂缝会影响其阻水效果。例如，美国新布拉兹巴大坝的导流隧洞封堵，在混凝土中央部位设有冷却和灌浆用坑道，底部埋有冷却水管，待混凝土塞平均温度降至 12.8 ℃时，进行接触灌浆，以保证混凝土塞与围岩的连接。

此外，值得注意的是，堵塞导流底孔时，深水堵漏问题应予以重视。不少工程在施工时，在封堵的关键时刻漏水不止，导致局面很被动。柘溪水电站的做法很值得借鉴。该工程导流底孔封堵闸门的右侧底部,由于止水橡皮被撕坏,漏水量最大达 1 m³/s,此时上游水深已有 55 m 左右。施工人员的做法是:根据漏水部位,先吊放大麻绳球以堵塞大洞,随后放小麻绳球,最后吊放棒形松散麻丝,使漏水量大大减小。为了防止麻绳球被水流冲走,施工人员在闸门前再沉放用麻绳编织的厚为 2～4 cm 的帘子。帘子互相搭接,把整个闸门槽封包起来,再在闸门前用导管抛填黏土,以进一步止漏。通过这一系列措施,基本上达到了堵漏的目的。

第五节　基坑排水

修建水利枢纽时,在围堰合龙闭气以后,就要排除基坑的积水和渗水,保持基坑干燥,以利于开展基坑施工工作。当然,在用定向爆破修筑截流拦淤堆石坝,或直接向水中倒土形成建筑物时,不需要组织专门的基坑排水工作。

根据排水时间及性质,基坑排水工作一般可分为:①基坑开挖前的初期排水,包括基坑积水、基坑积水排除过程中围堰及基坑的渗水和降水的排除;②基坑开挖及建筑物施工过程中的经常性排水,包括围堰和基坑的渗水、降水,以及地基岩石冲洗及混凝土养护用废水的排除等。

一、初期排水

戗堤合龙闭气后,基坑内的积水应立即组织排除。排除积水时,基坑内外会产生水位差,这将同时引起围堰和基坑的渗水。初期排水流量一般可根据地质情况、工程等级、工期长短及施工条件等因素,参考实际工程的经验,按下面公式来确定：

$$Q = \frac{(2-3)V}{T}$$ （1-2）

式中：

Q——初期排水流量（m³/s）；

V——基坑积水体积（m³）；

T——初期排水时间（s）。

排水时间 T 主要受基坑水位下降速度的影响。基坑水位允许下降速度视围堰型式、地基特性及基坑内的水深而定。水位下降太快，则围堰或基坑边坡中动水压力变化过大，容易引起坍坡；下降太慢，则影响基坑开挖时间。一般下降速度控制在 0.5～1.5 m/d 以内，对于土围堰取下限值，混凝土围堰取上限值。大型基坑的初期排水时间一般为 5～7 d，中型基坑不超过 3～5 d。根据初期排水量即可确定所需的排水设备容量。排水设备一般用离心式水泵。为方便运行，宜选择容量不同的离心式水泵，以便组合运用。

在实际工作中，有时也常采用试抽法确定排水设备容量。试抽时，如果水位下降很快，一般是排水设备容量过大，这时可关闭一部分排水设备，以控制水位下降速度；若水位不变，则可能是排水设备容量过小或有较大的渗漏通道存在，这时应增加排水设备容量或找出渗漏通道，予以堵塞，然后再进行抽水。还有一种情况是水位降至一定深度后就不再下降，这说明此时排水流量与渗透流量相等，只有增大排水设备容量或堵塞渗漏通道，才能将积水排除。

确定排水设备容量后，要妥善布置水泵站。如果水泵站布置不当，不仅会降低排水效果，影响其他工作，还会导致水泵运转时间不长，又被迫转移，造成人力、物力及时间上的浪费。一般初期排水可以采用固定的或浮动的水泵站。当水泵的吸水高度（一般水泵吸水高度为 4～6 m）足够时，水泵站可布置在围堰上。水泵的出水管口最好设在水面以下，这样可依靠虹吸作用减轻水泵的工作负担。在水泵排水管上应设置止回阀，以防水泵停止工作时，排出的水倒灌基坑。

当基坑较深、超过水泵吸水高度时，须随基坑水位下降逐次将水泵下放，这时可将水泵逐层安放在基坑内较低的固定平台上；也可以将水泵放在沿滑道移动的平台上，用绞车操纵逐步下放；还可将水泵放在浮船上。

二、经常性排水

基坑内积水排干后，围堰内外的水位差增大，此时渗透流量相应增大，对围堰内坡、基坑边坡和底部的动水压力加大，容易引起管涌或流土，造成塌坡和基坑底隆起的严重后果。因此，在经常性排水期间，应周密地布置排水系统，计算渗透流量，选择排水设备，并注意观察围堰的内坡、基坑边坡和基坑底面的变化，保证基坑排水工作顺利进行。

（一）排水系统的布置

排水系统的布置通常应考虑两种不同情况：一种是基坑开挖过程中的排水系统布置；另一种是基坑开挖完成后修建建筑物时的排水系统布置。在进行布置时，最好能将二者结合起来考虑，并尽可能使排水系统不影响施工。

基坑开挖过程中布置排水系统，应以不妨碍开挖和运输工作为原则。一般常将排水干沟布置在基坑中部，以利于两侧出土。随着基坑开挖工作的推进，逐渐加深排水干沟和支沟，通常保持干沟深度为 1.0～1.5 m，支沟深度为 0.3～0.5 m。集水井布置在建筑物轮廓线的外侧，集水井底应低于干沟的沟底。

有时由于基坑开挖深度不一，基坑底部不在同一高程，这时应根据基坑开挖的具体情况来布置排水系统。有的工程采用层层截流、分级抽水的办法，即在不同高程上布置截水沟、集水井和水泵站，进行分级排水。

修建建筑物时的排水系统，通常都布置在基坑的四周。排水沟应布置在建筑物轮廓线的外侧，距基坑边坡坡脚不小于 0.3～0.5 m。排水沟的断面和底坡，取决于排水量的大小。一般排水沟宽不小于 0.3 m，沟深不大于 1.0 m，底坡不小于 0.002。在密实土层中，排水沟可以不用支撑，但在松土层中，则需用木板或用麻袋装石块进行加固。

水经排水沟流入集水井，在井边设置水泵站，将水从集水井中抽出。集水井布置在建筑物轮廓线以外较低的地方，它与建筑物外缘的距离必须大于井的深度。井的容积至少要保证水泵停工 10～15 min，由排水沟流入井中的水量不致漫溢。集水井可为长方形，边长为 1.5～2.0 m，井的深度应低于排水沟底 1.0～2.0 m。在土中挖井，其底面应铺填反滤料以防冲刷。在密实土中，井壁可用框架支撑；在松软土中，宜用板桩加固，如板桩接缝漏水，则须在井壁外设置反滤层。集水井不仅是用来集聚排水，而且还有澄清水的作用，因为水泵的使用年限和水中的含沙量有一定关系。为了保护水泵，安设的集水井宜稍大、稍深一些。

为防止下雨时地面径流进入基坑，增加抽水量，往往在基坑外缘挖排水沟或截水沟，以拦截地面水。排水沟或截水沟的断面及底坡应根据流量及土质而定，一般沟宽和沟深不小于 0.5 m，底坡不小于 0.002。基坑外地面排水系统最好与道路排水系统相结合，以便自流排水。

（二）排水量的估算

经常性排水的排水类型包括围堰和基坑的渗水、降水、地层含水、地基岩石冲洗及混凝土养护用弃水等。关于围堰和基坑渗透流量的计算，在水力学、水文地质学等课程中均有介绍，这里不再赘述。降水量可按抽水时段内最大日降雨量在当天抽干计算。基岩冲洗及混凝土养护用弃水，由于基岩冲洗用水不多，可以忽略不计，混凝土养护用弃水，可近似地按每方混凝土每次用 5 L、每天养护 8 次计算。但降水和施工弃水不应叠加。

三、人工降低地下水位

在经常性排水过程中，为了保持基坑开挖工作始终在干地进行，常常要多次降低排水沟和集水井的高程，变换水泵站的位置，这会影响开挖工作的正常进行。此外，在开挖细砂土、砂壤土一类的地基时，随着基坑底面的下降，坑底与地下水位的高差越来越大，在地下水渗透压力的作用下，容易发生边坡脱滑、坑底隆起等事故，给开挖工作带来不利影响。而采用人工降低地下水位的方式，就可减轻或避免上述影响。人工降低地下水位的基本做法是：在基坑周围钻设一些井管，地下水渗入井管后，随即被抽走，从而使地下水位线降至开挖基坑底面以下。

人工降低地下水位的方法按排水工作原理来分有管井法和井点法两种。管井法是纯重力作用排水，井点法还附有真空或电渗排水的作用，下面分别介绍。

（一）管井法

用管井法降低地下水位时，可在基坑周围布置一系列管井，管井中放入水泵的吸水管，地下水在重力作用下流入井中，被水泵抽走。用管井法降低地下水位时，须先设置管井，管井通常由下沉钢井管做成，在缺乏钢管时也可用预制混凝土管代替。

井管的下部安装滤水管节（滤头），有时在井管外还会设置反滤层。地下水从滤水管进入井管内，水中的泥沙则沉淀在沉淀管中。滤水管是井管的重要组成部分，其构造对井的出水量和可靠性影响很大。滤水管要求过水能力强，进入的泥沙少，有足够的强度和耐久度。

井管通常用射水法下沉，当土层中夹有硬黏土、岩石时，须配合钻机钻孔。射水下沉时，先用高压水冲土，下沉套管，较深时可配合振动或锤击，然后在套管中插入井管，最后在套管与井管的间隙中间填反滤层和拔套管。反滤层每填高一次，便拔一次套管，逐层上拔，直至完成。

管井中抽水可应用各种抽水设备，但主要的是离心式水泵、深井水泵或潜水泵等。用普通离心式水泵抽水，由于吸水高度有限，当地下水位降低时，要分层设置井管，分层进行排水。

在要求大幅度降低地下水位的深井中抽水时，最好采用专用的离心式深井水泵。每个深井水泵都可独立工作，井的间距也可加大。深井水泵的适用深度一般大于 20 m，此时排水效果好，需要的井数少。采用管井法降低地下水位，一般适用于渗透系数为 10～150 m/d 的粗、中砂土。

（二）井点法

井点法和管井法不同，它使井管和水泵的吸水管合而为一，简化了井的构造，便于施工。井点法降低地下水位的设备，根据其降深能力可分为轻型井点（浅井点）和深井点等。

轻型井点是由井管、集水总管、普通离心式水泵、真空泵和集水箱等设备组成的一个排水系统。轻型井点系统的井管直径为 38～50 mm，间距为 0.6～1.8 m，最大可达 3 m。地下水借助真空泵和水泵的抽吸作用从井管下端的滤水管流入管内，沿井管上升汇入集水总管，经集水箱，由水泵排出。

轻型井点系统开始工作时，先开动真空泵，排除系统内的空气，待集水箱内的水面上升到一定高度后，再启动水泵排水。水泵开始抽水后，为了使系统保持一定的真空度，仍需要真空泵配合水泵工作。这种井点系统也叫真空井点。

井点系统排水时，地下水位的下降深度取决于集水箱内的真空度以及管路的漏气情况和水力损失情况。一般集水箱内的真空度为 53～80 KPa（约 400～600 mmHg），相应的吸水高度为 5～8 m，除去各种损失后，地下水位下降深度约为 4～5 m。

当要求地下水位降低的深度超过 4～5 m 时，可以像井管一样分层布置井点，每层控制 3～4 m，但以不超过三层为宜。层数太多，基坑范围内管路纵横，妨碍交通，影响施工，同时也会增加挖方量；而且当上层井点发生故障时，下层水泵能力有限，地下水位回升，基坑有被淹没的可能。真空井点抽水时，在滤水管周围形成一定的真空梯度，加速了排水速度，因此即使在渗透系数为 0.1 m/d 的土层中，也能进行工作。

布置井点系统时，为了充分发挥设备的能力，集水总管、集水管和水泵应尽量接近天然地下水位。当需要几套设备同时工作时，各套设备总管之间最好接通，并安装开关，以便相互支援。

井管的安设，一般用射水法下沉。在细砂和中砂中，需要的射水量为 25～30 m³/h，水压力可达 $3×10^5$～$3.5×10^5$ Pa（约 3～3.5 个大气压）；在粗砂中，流量需增大到 40 m³/h 或更大；在夹有砾石和卵石的砂中，最好与压缩空气配合进行冲射；在黏性土中，水压要增大到 $5×10^5$～$8×10^5$ Pa（约 5～8 个大气压），并回填砂砾石作为滤层。回填反滤层时供水仍不停止，但水压可略降低。在距孔口 1 m 范围内，宜用黏土封口，以防漏气。排水工作完成后，可利用杠杆将井管拔出。

深井点与轻型井点不同，它的每一根井管上都装有扬水器（水力扬水器或压气扬水器），因此它不受吸水高度的限制，有较强的降深能力。深井点有喷射井点和压气扬水井点两种。喷射井点由集水池、高压水泵、输水干管和喷射井管等组成。

喷射井点排水的过程是：扬程为 $6×10^5$～$1×10^6$ Pa（约 6～10 个大气压）的高压水泵将高压水压入内管与外管间的环形空间，经进水孔由喷嘴以 10～50 m/s 的速度高速喷出，由此产生负压，使地下水经滤管吸入内管，在混合室中与高速的工作水混合，经喉管和扩散管以后，流速水头转变为压力水头，将水压到地面的集水池中。高压水泵从集水池中抽水作为工作水，而池中多余的水则任其流走或用低压水泵抽走。

通常一台高压水泵能为 30～50 个井点服务，其最适宜的降低水位的范围为 5～18 m。喷射井点的排水效率不高，一般用于渗透系数为 3～50 m/d、渗流量不大的场所。

压气扬水井点是用压气扬水器进行排水的。排水时压缩空气由输气管输送，经喷气装置进入扬水管，于是，管内容重较轻的水气混合液，在管外压力的作用下，沿扬水管上升到地面排走。为了达到一定的扬水高度，就必须将扬水管沉入井中足够的潜没深度，使扬水管内外有足够的压力差。压气扬水井点最大可以使地下水降低 40 m。

在渗透系数小于 0.1 m/d 的黏土或淤泥中降低地下水位时，比较有效的方法是电渗井点排水。电渗井点排水时，沿基坑四周布置两列正负电极。正极通常用金属管制成，负极就是井点的排水井。在土中通电以后，地下水将从金属管（正极）向井点（负极）移动，然后再由井点系统的水泵抽走。正负极电源均为直流发电机。

第二章　土石坝工程施工技术

　　土石坝包括各种碾压式土坝、堆石坝和土石混合坝，是一种充分利用当地材料的坝型。大型、高效施工机械的广泛应用，坝体防渗结构和材料的改进，施工人数的大量减少，施工工期的不断缩短，施工费用的显著降低，施工条件的日益改善，为土石坝发展开辟了广阔道路。自 20 世纪 70 年代以来，世界各国兴建的土石坝无论在数量上还是在高度上均超过了混凝土坝。特别是 20 世纪 80 年代以来，混凝土面板堆石坝以其坝坡稳定性好、坝体透水性好、施工速度快、施工时受气候条件影响较小的显著特点，成为坝工建设中具有很强竞争力的一种新坝型。

　　根据施工方法的不同，土石坝可分为干填碾压坝、水中填土坝、水力冲填坝（包括水坠坝）和定向爆破修筑坝等多种类型。国内外均以碾压式土石坝为主。碾压式土石坝的施工包括准备作业、基本作业、辅助作业和附加作业等环节。准备作业包括平整场地、通车、通水、通电，架设通信线路，修建生产、生活、行政办公用房以及排水清基等工作；基本作业包括料场土石料开采，挖、装、运、卸以及坝面铺平、压实、质检等作业；辅助作业是保证基本作业顺利进行，为基本作业创造良好工作条件的作业，包括清除施工场地及料场的覆盖物，从上坝土料中剔除超径块石、杂物，坝面排水、层间刨毛和加水等；附加作业是保证坝体长期安全运行的防护及修整工作，包括坝坡修整、铺砌护面块石及铺植草皮等。

第一节　坝体材料与料场规划

一、坝体材料

土石坝最大的特点是对材料的适应性，人们能根据近坝材料的特性，设计坝体断面，因此土石坝又被称作当地材料坝。

（一）防渗料

作为防渗的土料最基本的要求就是防渗性，渗透系数不大于 1×10^{-5} cm/s，一般即可满足要求。同时，防渗料还要具有一定的抗剪强度，有较好的渗流稳定性，有适应坝体变形的塑性，有良好的施工性、低压缩性，不存在影响坝体稳定的膨胀性或收缩性，无过量的可溶盐（5%）和有机物（2%）等。施工性方面，一般要求土料的天然含水量在最优含水量附近，无影响压实的超径材料，压实后的坝面有较高的承载力，以便于施工机械正常作业。只要渗透系数满足要求，做好反滤保护，无塑性的粉质砂土也可以作为土石坝的防渗材料。严格反滤、放宽材料，是现代心墙用料的主要趋势。

渗流稳定性指防渗料的抗管涌能力与抗冲蚀能力。一般认为塑性大的细粒土抗管涌能力强；砾类土抗冲蚀能力强，可以使心墙裂缝自愈。设计施工中，强调反滤料对心墙的保护，要设置接触黏土，以防止心墙与基础面的接触冲蚀，起到改善心墙应力的作用。

细粒土是我国采用最多的防渗材料，在 20 世纪 80 年代以前建设的高土石坝的心墙都采用纯细粒土，其最大粒径不超过 5 mm。黄河小浪底心墙堆石坝也采用细粒土作为心墙料。只要坝址附近有数量足够、天然含水量适中的细粒土，采用细粒土作为防渗料是较好的选择。

采用风化料作高土石坝的防渗材料，国外开始于 20 世纪 50 年代，20 世纪 70 年代以来日臻成熟。我国采用风化料作 100 m 以上土石坝的防渗体，开始于 20 世纪 80 年代初。云南黄泥河鲁布革水电站心墙堆石坝即采用了风化料作防渗心墙料。

砾质土有很强的承载力，可采用中型机械进行碾压，在良好级配的情况下，亦可作为防渗材料。大渡河瀑布沟水电站心墙堆石坝即采用砾质土作防渗料。

采用黏土与砂砾石掺和料作防渗材料，可以改善防渗体的施工性，减小其压缩性，并增强其抗冲蚀能力。我国援外项目阿尔巴尼亚的菲尔泽水电站垂直心墙坝即采用掺和料作防渗料。

（二）坝壳料

在工程实践中，堆石、砂砾石及风化料等均可作为坝壳料。

按施工方式堆石可分为抛填、分层碾压、手工干砌石、机械干砌石等；按其材料及来源可分为采石场玄武岩、变质安山岩、砂岩、砾岩、采石场花岗岩、片麻岩、石灰岩、冲积的漂卵石、水下挖掘机开采石渣料等。堆石是最好的筑坝材料，现广泛用作高土石坝的坝壳料。

我国已建的土石坝坝壳采用砂砾石的很多，如大伙房水库、密云水库、石头河水库等。混凝土面板堆石坝中，不少也以砂砾石为筑坝材料，如小干沟、两岔河等。碾压砂砾石压缩性低，抗剪强度高，但往往细料含量大，易冲蚀，易管涌，因此在渗流控制方面需要加强。

风化料属于抗压强度小于 30 MPa 的软岩类。风化岩石、软岩都存在湿陷问题，其填筑含水量必须大于湿陷含水量，最好充分加水（自由排水料）或按最优含水量加水（视同土料），压实到最大密度，以改善其工程性质。

（三）反滤料

反滤料一般要满足坚固度要求，要求级配严格，一般采用混凝土砂石料生产系统生产，但不要求冲洗。也可采用天然冲积层砂砾石经筛分生产。

二、料场规划

（一）料场规划的内容

土石坝用料量很大，料场的合理规划与使用是土石坝施工中的关键问题之一，它不仅关系到坝体的施工质量、工期和工程投资，还会影响工程的生态环境和国民经济其他部门。在选择坝址阶段需要对土石料场进行全面调查，施工前要配合施工组织设计对料场进行深入勘测，并从空间、时间、质与量等方面进行全面规划。

1.空间规划

所谓空间规划，是指恰当地选择料场位置、高程，合理布置。土石料的上坝运距尽可能短些，高程上有利于重车下坡，减少运输机械功率的消耗。近料场不应因取料影响坝的防渗、稳定和上坝运输；也不应使道路坡度过陡，引起运输事故。坝的上下游、左右岸最好都设有料场，这样有利于上下游、左右岸同时供料，减少施工干扰，从而保证坝体均衡上升。用料时原则上应低料低用，高料高用，当高料场储存量较充裕时，亦可高料低用。同时料场的位置应有利于布置开采设备，交通及排水通畅。对石料场的规划还应考虑与重要建筑物、构筑物、机械设备等保持足够的防爆、防震安全距离。

2.时间规划

所谓时间规划，就是考虑施工强度和坝体填筑部位的变化。随着季节及坝前蓄水情况的变化，料场的工作条件也在发生变化。在用料规划上应力求做到上坝强度高时用近料场，低时用较远的料场，使运输任务比较均衡。应先用近料场和上游易淹的料场，后用远料场和下游不易淹的料场；含水量高的料场旱季用，含水量低的料场雨季。在料场使用规划中，还应保留一部分近料场供合龙段填筑和拦洪度汛高峰时使用。此外，还应对时间和空间进行统筹规划，否则就会事与愿违。例如，甘肃碧口水电站的土石坝，施工初期由于料源不足，规划不落实，导流后第一年度汛时就将 4.5 km 以内的砂砾料场基本用完，而以后逐年度汛用料量更大，不得不用 4.5 km 以外的远料场，不仅增加了不必要的运输任务，还给后期各年度汛增加了困难。

3.质与量的规划

料场质与量的规划是料场规划最基本的要求，也是决定料场取舍的重要因素。在选择和规划使用料场时，应对料场的地质成因、产状、埋深、储量以及各种物理力学指标进行全面勘探和试验。勘探精度应随设计深度加深而提高。在施工组织设计中，进行用料规划，不仅应使料场的总储量满足坝体总使用量的要求，还应满足施工各阶段最大上坝强度的要求。

（二）料场规划的原则

1.“料尽其用”原则

充分利用永久和临时建筑物基础开挖渣料是土石坝料场规划的一项重要原则。为此应增加必要的施工技术组织措施，确保渣料的充分利用。例如，若导流建筑物和永久建筑物的基础开挖时间与上坝时间不一致，则可调整开挖和填筑进度，或增设堆料场储备渣料，供填筑时使用。

第一，为了紧缩坝体设计断面和充分利用渣料，采用人工筛分控制填料的级配越来越普遍。美国园峰坝有 70%的上坝料经过筛分，奥罗维尔大坝在开挖心墙料时将直径大于 7.5 cm 的料筛选出来作为坝壳填料，我国碧口水电站的土石坝利用混凝土骨料筛分后的超径料作为坝壳填料。这种用料的数量、规格都应纳入料场规划。

第二，料场规划还应对主要料场和备用料场分别加以考虑。前者要求质好、量大、运距近，且有利于常年开采；后者通常在淹没区外，当前者被淹没或因库区水位抬高，土料过湿或其他原因中断使用时，则用备用料场，这样可以保证坝体填筑不中断。

第三，在规划料场实际可开采总量时，应考虑料场勘查的精度、料场天然密度与坝体压实密度的差异，以及开挖运输、坝面清理、返工削坡等损失。实际可开采总量与坝体填筑量之比一般为：土料2～2.5；砂砾料1.5～2；水下砂砾料2～3；石料1.5～2；反滤料应根据筛后有效方量确定，一般不宜小于3。另外，选择料场应结合施工总体布置，应根据运输方式、强度来规划运输线路、布置装料面。料场内装料面应保持合理的间距，间距太小会使运输路线频繁变化，影响施工效率，间距太大则会影响开采强度，通常装料面间距以100m为宜。整个场地规划还应排水通畅，全面考虑出料、堆料、弃料的位置，力求避免干扰，以加快采运速度。

2.土石方平衡原则

土石方平衡原则是充分而合理地利用建筑物开挖料。根据建筑物开挖料和料场开采料的料种与品质，制定采、供、弃规划，优料优用，劣料劣用。保证工程质量，便于管理，便于施工。充分考虑挖填进度要求，物料储存条件，且留有余地，妥善安排弃料，以保护环境。

在划分标段时，溢洪道等拟作坝料的大方量建筑物开挖工程，宜与大坝填筑划归同一标段，为开挖料直接上坝创造条件。与填筑不同期的开挖体、与填筑不是同一标段的开挖工程，不宜直接上坝；同期同一标段的开挖工程，也应该设置足够容量的调节料场，在挖、填不能同期施工时作调节之用。拟作坝料的大方量建筑物开挖工程，应尽量和坝体填筑进行协调施工，以避免或减少因料场转运增加费用和物料损耗。

（三）料场规划的基本方法

土石坝工程既有大量的土石方开挖，又有大量的土石方填筑。开挖可用料的充分利用，废弃料的妥善处理，补充料场的选择与开采数量的确定，备用料场的选择，以及物料的储存、调度是土石坝施工组织设计的重要内容，对保证工程质量、加快施工进度、降低工程造价、节约用地和保护环境具有重要意义。

1.填挖料平衡计算

根据建筑物设计填筑工程量统计各料种填筑方量。根据建筑物设计开挖工程量、地质资料、建筑物开挖料可用及不可用分选标准，并进行经济比较，确定并计算可用料和不可用料数量；根据施工进度计划和渣料存储规划，确定可用料的直接上坝数量和需要存储的数量；根据折方系数、损耗系数，计算各建筑物开挖料的设计使用数量（含直接上坝数量和堆存数量）、舍弃数量和由料场开采的数量，综合平衡挖、填、堆、弃。

2.土石方调度优化

土石方调度优化的目的是找出总运输量最小的调度方案，从而使运输费用最低，降低工程造价。土石方调度是一个物资调动问题，可用系统规划和计算机仿真技术等进行优化处理。对于大型土石坝，可进行土石方平衡及坝体填筑施工动态仿真，优化土石方调配，论证调度方案的经济性、合理性和可行性。

第二节　土石料的开挖及运输

一、土石料的开采与加工

料场开采前应做好以下准备工作：划定料场范围；分期、分区清理覆盖层；设置排水系统；修建施工道路；修建辅助设施。坝料开采与加工应参考已建工程经验，结合本工程情况，进行必要的现场试验，选择合适的工艺过程。试验一般包括：调整土料含水量试验；堆石料爆破试验；掺和料掺和工艺试验；各种料的碾压压实试验；其他特定条件下的试验等。

（一）土料的开采与加工

1.土料的开采

土料开采一般有立采和平采两种。当土层较厚、天然含水量接近填筑含水量、土料层次较多、各层土质差异较大时，宜采用立面开采方法。规划中应确定开采方向、掌子面尺寸、先锋槽位置、采料条带布置和开采顺序。在土层较薄、土料层次少且相对均质、天然含水量偏高且须翻晒减水的情况下，宜采用平面开采方法。规划中应根据供料要求、开采和处理工艺，将料场划分成不同区域，进行流水作业。

2.土料的加工

土料的加工包括调整土料含水量、掺和、超径料处理和进行某些特殊处理。降低土料含水量的方法有挖、装、运、卸中的自然蒸发、翻晒、掺料、烘烤等。提高土料含水量的方法有在料场加水、料堆加水，以及在开挖、装料、运输过程中加水。

土料与一定的掺料掺和加工成掺和料，可分别或综合解决以下问题：降低土料压缩性，防止防渗体开裂，改变土料含水量，改善土料的施工特性，改善防渗性能，节约土料等。一般掺和办法有：一是水平互层铺料——立面（斜面）开采掺和法；二是土料场水平单层铺放掺料——立面开采掺和法；三是在填筑面堆放掺和法；四是漏斗——带式输送机掺和法。其中，第一种和第四种方法采用较多。

砾质土中超径石含量不多时，常用装耙的推土机先在料场中初步清除，然后在坝体填筑面上进行填筑平整时再作进一步清除；当超径石的含量较多时，可在料斗上加设蓖条筛（格筛）或用其他简单筛分装置加以筛除，还可采用从高坡下料，使料堆粗细分离的方法清除粗粒料。

在进行反滤料、垫层料、过渡料等小区料的开采和加工时，若级配合适，可用砂砾石料直接开采上坝或经简易破碎筛分后上坝。若无砂砾石料可用，则可用开采碎石加工制备。对于粗粒径较大的过渡料宜直接采用控制爆破技术开采，对于较细且质量要求高的反滤料、垫层料，则可用破碎、筛分、掺和工艺加工。如果其级配接近混凝土骨料级配，可考虑与混凝土骨料共同使用一个加工系统，必要时亦可单独设置破碎筛分系统。

（二）砂砾石料和堆石料的开采

砂砾石料开采，主要有陆上和水下两种开采方式。陆上开采用一般挖运设备即可。水下开采，一般采用采砂船和索铲开采。当水下开采砂砾石料含水量高时，须加以堆放排水。

主堆石料使用方量大，开采强度高，是土石坝工程施工进度控制的关键环节，必须详细研究其开采规划和开采工艺。块石料的开采一般是结合建筑物开挖或由石料场开采，要形成多工作面流水作业的形式。开采方法一般采用深孔梯段爆破，除非为了特定的目的才使用洞室爆破。

（三）超径料的处理

超径块石料的处理方法主要有浅孔爆破法和机械破碎法两种。浅孔爆破法是指采用手持式风动凿岩机对超径石进行钻孔爆破；机械破碎法是指采用风动和振动破石、锤击破碎超径块石，也可利用吊车起吊重锤，重锤自由下落破碎超径块石。

二、挖运机械

土石坝施工挖、运、填等各道工序均由互相匹配的具有独特功能的工程机械来完成，形成"一条龙"的生产工艺流程，即土石坝的综合机械化施工。

（一）挖掘机械

挖掘机械的种类繁多，就其构造及工作特点而言，有循环单斗式和连续多斗式之分；就其传动系统而言，又有索式、链式和液压传动之分。液压传动优点突出，现代工程机械多采用液压传动。

1.单斗式挖掘机

以正向铲挖掘机为代表的单斗式挖掘机有柴油和电力驱动两类，后者又称电铲。

单斗式挖掘机有回转、行驶和挖掘三个装置。机身回转装置由固定在下机架与供旋转使用的底座齿轮相啮合的回转轴承组成。回转轴由安装在回转台上的发动机驱动，由它带动使整个机身回转。行驶装置有在轨道上行驶的，也有无轨气胎式的，但最普遍的是灵活机动、对地面压强最小的履带行驶结构。挖掘装置主要是挖斗，斗沿有切土的斗齿，挖斗与斗柄相连，而斗柄与动臂通过铰链和斗柄液压缸相连。

单斗式铲挖掘机有强有力的推力装置，能挖掘 Ⅰ～Ⅳ级土和爆破后的岩石。这种挖掘机械主要用于挖掘停机面以上的土石方，也可用于挖掘停机面以下不深的地方，但不能用于水下开挖。挖掘停机地面以下，可用由它改装的挖斗向内、向下挖掘的反向铲。若要挖掘停机面以下深处的地方或进行水下开挖，可将单斗式挖掘机的工作装置改装成用索具操作铲斗的索铲和合瓣式抓斗的抓铲。

2.多斗式挖掘机

多斗式挖掘机以斗轮式挖掘机为代表，其生产率很高。美国在建造奥罗维尔大坝时，仅用了一台斗轮式挖掘机即承担了该工程 66%的采料任务，其生产率可达 2 300 m³/h。该机型装有多个挖斗，开挖料先卸入输送皮带，再卸入卸料皮带导向卸料口装车。我国陕西石头河水库在建造时也使用了这种设备，取得了很好的效果。

（二）运输机械

运输机械有循环式和连续式两种，前者有有轨机车和机动灵活的汽车。一般工程自卸汽车的吨位是 10～35 t，汽车吨位大小应根据需要并结合路面条件来考虑。

最常用的连续运输机械是带式运输机。根据有无行驶装置，可分为移动式和固定式两种。前者多用于短程运输和散体材料的装卸及堆存，后者多用于长距离运输，美国奥罗维尔大坝采用带式运输机，运距长达 19.7 km。固定式带式运输机常分段布置，每段一般在 200 m 以内。

带式运输机运行时驱动轮带动皮带连续运转。为防止皮带松弛下垂，在机架端部设有张紧鼓轮。沿机架设有上下托辊避免皮带下垂。为保证运输途中卸料，设有卸料小车，沿机架上的轨道移到卸料位置卸料。

带式运输机有金属带和橡胶带两种，常用的是后者。带式运输机的带宽一般为 800～1 200 mm，最大带宽为 1 800 mm，最大运行速度为 240 m/min，最大小时生产率达 12 000 t/h。这种运输设备不受地形限制，结构简单，方便灵活，生产率高。使用时应注意减轻运输带的磨损，防止运输带老化、断裂。

装载机是一种短程装运结合的机械。常用的斗容量为 1～3 m³，灵活方便。

（三）挖运组合机械

能同时担负开挖、运输、卸土、铺土任务的有推土机和铲运机。

1.推土机

以拖拉机为原动机械，另加切土刀片的推土机，既可薄层切土又能短距离推运。推土机又可根据推土器在平面上能否转动分为固定式和万能式，前者结构简单、牢固，应用普遍，多用液压操作。若长距离推土，土料从推土器两侧散失较多，有效推土量大为减少。推土机的经济运距为 60～100 m。为了减少推土过程中土料的散失，可在推土器两侧加挡板，或先推成槽，然后在槽中推土，或多台并列推土。

2.铲运机

按行驶方式，铲运机可以分为牵引式和自行式两种。前者用拖拉机牵引铲斗，后者自身有行驶动力装置。目前，用得较多的是自行式铲运机，其结构轻便，可带较大的铲斗，行驶速度高，多用低压轮胎，有较好的越野性能。国产铲运机的铲斗容量一般为 6～7 m^3。国外大容量铲运机多为底卸式，其铲斗容量高达 57.5 m^3。铲运机的经济运距与铲斗容量有关，一般为几百米至几公里。大容量的铲运机需要更大的牵引力，但运行的灵活性也会随之下降。

三、土石料的开挖运输方案

土石料的开挖运输是保证土石坝强度的重要环节之一。应综合分析坝体结构特点、坝料性质、填筑强度、料场特性、运距远近以及可供选择的机械设备型号等多种因素，之后再确定开挖与运输方案。

土石坝施工中常用的开挖运输方案主要有以下几种。

（一）正向铲开挖，自卸汽车运输上坝

该方案是先正向铲开挖、装载，然后由自卸汽车运输上坝，运距通常小于 10 km。自卸汽车可运各种坝料，运输能力强，能直接铺料，机动灵活，转弯半径小，爬坡能力较强，管理方便，设备易于获得，在国内外的高土石坝施工中，得到了广泛应用，且挖运机械朝着大斗容量、大吨位的方向发展。

在施工布置方面，正向铲一般采用立面开挖的方式，汽车运输道路可布置成循环路线，装料时汽车停在挖掘机一侧的地面上，即汽车鱼贯式地装料与行驶。这种布置形式可减少汽车的倒车时间，正向铲采用 60°～90°的转角侧向卸料，回转角度小，生产效率高，能有效提高正向铲与汽车的工作效率。

（二）正向铲开挖，带式运输机运输上坝

国内外水利工程施工中，广泛采用胶带机运输土、砂石料等。例如，我国

的大伙房水库、岳城水库、石头河水库等土石坝工程中，带式运输机均为主要的运输工具。带式运输机的爬坡能力强，架设简易，运输费用较低，与自卸汽车相比可降低 1/3～1/2 的运输费用，运输能力也较强。带式运输机合理运距小于 10 km，可直接从料场运输上坝；也可与自卸汽车配合，进行长距离运输，在坝前经漏斗由汽车转运上坝；或与有轨机车配合，用带式运输机转运上坝，进行短距离运输。

（三）斗轮式挖掘机开挖，带式运输机运输，转自卸汽车上坝

对于填筑方量大、上坝强度高的土石坝，若料场储量大而集中，可采用斗轮式挖掘机开挖，其生产率高，能连续挖掘、装料。斗轮式挖掘机将土石料转入移动式带式运输机，其后接长距离的固定式带式运输机至坝面或坝面附近，经自卸汽车运至填筑面。这种方案可保证挖、装、运连续进行，简化施工流程，提高机械化水平和生产效率。例如，石头河水库土石坝就是采用 DW-200 型斗轮式挖掘机开采土料，用宽 1 m、长 120 m、带速 150 m/min 的带式运输机上坝，经双翼卸料机于坝面用 12 t 自卸汽车转运卸料，日平均运输量可达 4 000～5 000 m³，最高可达 10 000 m³（压实方）。

（四）采砂船开挖，有轨机车运输，转带式运输机上坝

国内一些大中型水利水电工程施工中，广泛采用采砂船开采水下的砂石料，配合有轨机车运输。在我国大型载重汽车尚不能满足要求的情况下，有轨机车仍是一种效率较高的运输工具，它具有机械结构简单、易于修配的优点。当料场集中、运输量大、运距较远（大于 10 km）时，可用有轨机车进行水平运输。但在采用有轨机车运输时，临建工程量大，设备投资较多，对线路坡度、转弯半径等的要求较高。鉴于有轨机车不能直接上坝，可在坝脚经卸料装置卸至带式运输机上或由自卸汽车转运上坝。

坝料开挖与运输方案很多，但无论采用何种方案，都应结合工程施工的具

体条件，组织好挖、装、运、卸的机械化联合作业，提高机械利用率，减少坝料的转运次数；各种坝料铺筑方法及设备应尽量一致，减少辅助设施；充分利用地形条件，进行统筹规划和布置。此外，提高运输道路的质量标准有利于提高施工效率，降低车辆设备损耗。

第三节　坝体填筑与压实

基础开挖和基础处理基本完成后，就可进行坝体的铺筑、压实施工。

一、坝面作业施工组织规划

土石坝坝面作业施工工序包括卸料、铺料、洒水、压实（对于黏性土料采用平碾，压实后需要刨毛以保证层间结合的质量）、质量检查等。坝面作业工作面狭窄、工种多、工序多、机械设备多，施工时要有科学的施工组织规划。为避免延误施工进度，土石坝坝面作业宜采用分段流水作业施工的方式。

组织分段流水作业施工时，应先按施工工序数目对坝面进行分段，然后组织相应专业施工队依次进入各工段施工。这样，对同一工段而言，各专业施工队可按工序依次连续施工；对各专业施工队而言，可依次在各工段完成固定的专业工作。其结果是实现了施工专业化，有利于提高工人的熟练程度。同时，各工段都有专业施工队使用固定的施工机具，从而保证施工过程中人、机、地"三不闲"，有利于坝面作业安全进行。

铺料和卸料有三种方法，即进占法、后退法和综合法。一般采用进占法，厚层填筑也可采用综合法铺料，以减少铺料的工作量。进占法铺料层厚、易控制、表面更易整理平整，压实设备工作条件较好。一般采用推土机进行铺料作业。铺料应保证随卸随铺，以确保铺料厚度达到设计要求。

按设计要求铺料、平料是保证压实质量的关键。采用带式运输机或自卸汽车转运上坝，卸料更为集中。为保证铺料均匀，可用推土机或平土机散料、平料。国内不少工地采用"算方上料、定点卸料、随卸随平、定机定人、铺平把关、插杆检查"的施工工序，保证了平料工作的效果。铺料、平料过程中，不应使坝面起伏不平，以避免降雨积水。

在坝面各料区的边界处，铺料会"越界"。通常情况下，其他材料不能进入防渗区边界线的内侧，边界外侧所铺土料距边界线的距离不能超过 50 cm。为配合碾压施工，防渗体土料的铺筑方向应与坝轴线方向平行。

坝体压实是填筑最关键的工序，应根据砂石料的性质选择压实设备。碾压遍数和碾压速度应根据碾压试验确定。选择的碾压方法应便于施工，便于质量控制，避免或减少欠碾和超碾现象。一般采用进退错距法和圈转套压法。进退错距法操作简便，碾压、铺土和质检等工序能协调一致，便于分段流水作业施工，压实质量也易于保证。圈转套压法要求施工的工作面较大，适于多碾滚组合碾压。其优点是生产效率较高，但碾压过程中转弯套压交接处重压过多，易超压；转弯半径较小时，易引起土层扭曲，产生剪力破坏；转弯时四角容易漏压，质量难以保证。国内多采用进退错距法。为避免漏压，可在碾压带的两侧先往复压够遍数后，再进行错距碾压。

错距宽度 b 按下式计算：

$$b = \frac{B}{n} \qquad\qquad (2\text{-}1)$$

式中：

b——碾磙错距宽度（m）；

B——碾磙净宽（m）；

n——设计碾压遍数。

在采用进退错距法时，为了便于施工人员控制，也可前进后退仅错距一次，则错距宽度可增加一倍。对于碾压起始和结束部分，当按正常操作无法压到要求的遍数时，可采用前进后退不错距的方法，压到要求的碾压遍数，或辅以其他方法达到设计密度的要求。

坝体分期、分块填筑时，会形成横向或纵向接缝。由于接缝处坡面临空，再加上压实机械要保持一定的安全距离，坡面上会有一定厚度的不密实层。另外，铺料会出现溜滑现象，也会增加不密实层的厚度。在填筑相邻块段时，必须处理这层不密实层，一般采用留台法或削坡法。

在坝壳靠近岸坡部位施工，用汽车卸料及推土机平料时，大粒径料容易集中，碾压机械压实时，碾滚不能靠近岸坡，因此要采取一定的措施保证施工质量。保证坝壳与岸坡接合填筑带质量的措施一般有：限制铺料层厚；限制粒径，充填细料；采用夯击式机械夯实。

对于用汽车上坝或用光面压实机具压实的土层，应进行刨毛处理，以便于层间结合。通常刨毛深度为 3～5 cm，可用推土机改装的刨毛机刨毛，工作效率高、质量好。

二、结合部位的施工

土石坝施工过程中，坝体的防渗土料不可避免地要与地基、岸坡、周围其他建筑物的边界相结合。由于施工导流和分期、分段、分层填筑等要求，还必须设置纵横向的接坡、接缝。所有这些结合部位，都是影响坝体整体性和质量的关键部位，也是施工中的薄弱环节。接坡、接缝过多，还会影响坝体填筑速度，特别是会影响机械化施工进度。结合部位的施工，必须采取可靠的技术措施，加强质量管理和控制，确保坝体的填筑质量满足设计要求。

（一）坝基结合面

基础部位的填土，一般采用轻碾的方法，不允许用重型碾或重型夯，以免破坏基础，造成渗漏。

对于黏性土、砾质土坝基，应将其表层含水量调节至施工含水量的上限，用与防渗体土料相符的碾压参数压实，然后刨毛 3～5 cm，再铺土压实。非黏性土地基应先压实，再铺第一层土料，含水量为施工含水量的上限，采用轻型机械压实，压实后的干表观密度可略低于设计要求。

与岩基接触的面，应先把局部凹凸不平的岩石修理平整，封闭岩基表面节理、裂隙，防止渗水冲蚀防渗体。若岩基干燥可适当洒水，并使用含水量略高的土料，以便与岩基或混凝土紧密结合。碾压前，对于岩基凹陷处，应人工填土夯实。无论何种坝基，当填筑厚度达到 2 m 以后，才可使用重型压实机械。

（二）与岸坡及混凝土建筑物结合

填土前，先将结合面的污物冲洗干净，清除松动岩石，在结合面上洒水湿润，涂刷一层厚约 5 mm 的浓黏土浆或浓水泥黏土浆或水泥砂浆，其目的是提高浆体凝固后的强度，防止产生接触冲刷和渗透。涂刷浆体时，应边涂刷、边铺土、边碾压，涂刷高度与铺土厚度一致，注意涂刷层之间的搭接，避免漏涂。严禁泥浆干固（或凝固）后再铺土，因为这不利于结合。

防渗体与岸坡结合处，宽度为 1.5～2 m 或在边角处，不得使用羊角碾、夯板等重型机具，应用轻型机具压实，并保证与坝体的碾压搭接宽度大于 1 m。混凝土齿墙或坝下埋管两侧及顶部 0.5 m 范围内填土，必须用小型机具压实，其两侧填土应保持均衡上升。岸坡、混凝土建筑物与砾质土、掺和土结合处，应填筑 1～2 m 可塑性较好但透水性差的土料，避免直接与粗料接触。

（三）坝体纵横向接坡及接缝

土石坝施工中，坝体接坡具有高差较大、停歇时间长、要求坡身稳定的特点。在实际施工中，允许接合坡度的大小及高差大小存在争议，尤其对防渗墙与斜墙是否可设置纵横向接坡的争议更大。土石坝施工的实践经验证明，几乎在任何部位都可以适当设置纵横向接坡，关键在于有无必要和采取什么样的施工方式。一般情况下，填筑面应力争平起，斜墙及窄心墙不应留有纵向接缝，如临时度汛需要设置时，应进行技术论证。

防渗体及均质坝的横向接坡不应陡于 1∶3，高差不超过 15 m。均质坝（不包括高压缩性地基上的土坝）的纵向接缝，宜采用不同高度的斜坡和平台相间的形式，坡度及平台宽度根据施工要求确定，并满足稳定要求，平台高差不大于 15 m。

坝体接坡面可用推土机自上而下削坡，适当留有保护层，配合填筑上升，逐层清至合格层，接合面削坡合格后，要使其含水量达到施工含水量的上限。相较于接坡，坝体施工临时设置的接缝，其高差较小，停置时间短，不存在稳定性问题，通常高差以不超过铺土厚度的 1～2 倍为宜，分缝在高程上应适当错开。

三、反滤料、垫层料、过渡料的施工

反滤料、垫层料、过渡料一般用量不大，但其要求较高，铺料不能分离，一般与防渗体和一定宽度的大体积坝壳石料平起上升，其压实标准高，分区线的误差有一定的范围。当铺填料宽度较宽时，铺料可采用装载机辅以人工进行。

反滤料、垫层料、过渡料的填筑方法有削坡法、挡板法以及土、砂松坡接触平起法三种。土、砂松坡接触平起法能适应机械化施工，填筑强度高，可以做到防渗体、反滤层与坝壳料平起填筑，均衡施工，是被广泛应用的施工方法。

按照防渗体土料以及反滤层填筑的次序、搭接形式的不同，土、砂松坡接触平起法又可分为先砂后土法、先土后砂法、土砂平起法几种。

先土后砂法：先填 2～3 层土料，压实时边缘留 30～50 cm 宽的松土带，一次铺反滤料与黏土齐平，压实反滤料，并用气胎碾压实土、砂接缝带。此法容易排除坝面积水；因填土料无侧面限制，施工中会出现超坡现象，且接缝处土料不便压实。当反滤料上坝强度赶不上土料填筑强度时，可采用此法。

先砂后土法：即先在反滤料设计线内用反滤料筑一个小堤，再填筑 2～3 层土料，与反滤料齐平，然后压实反滤料及土料接缝带。此法填土料时有反滤料作侧线，便于控制防渗土体边线，接缝处土料便于压实，宜优先采用此法。

反滤料的压实，应包括接触带土料与反滤料的压实。当防渗体土料用气胎碾碾压时，反滤料铺土厚度可与黏土铺土厚度相同，并同时用气胎碾碾压，这是施工中压实接触带最好的方法。若防渗体土料采用羊角碾碾压，两者应同时平起，羊角碾压到距土砂结合边 0.3～0.5 m 为止，以免羊角将土下的砂翻出来。然后用气胎碾碾压反滤层，其碾迹与羊角碾碾迹至少重叠 0.5 m。若砂压土时，土、砂亦同时平起，同样先用羊角碾碾压土料，且羊角碾压到反滤料至少 0.5 m 宽，以便把反滤料之下的土料压实，然后用气胎碾碾压反滤料，并压实到土料上的宽度至少为 0.5 m。

无论是先土后砂法还是先砂后土法，土、砂之间必然出现犬牙交错的现象。反滤料的设计厚度，不应将犬牙厚度计算在内，不允许过多削弱防渗体的有效断面，反滤料一般不应伸入心墙内，犬牙大小由各种材料的休止角决定，且犬牙交错带不得大于其每层铺土厚度的 1.5～2 倍。

当铺料宽度较宽时，宜采用自卸汽车运输，推土机平料。根据不同的填筑材料和施工方法，压实机械应有所不同，一般用振动碾碾压，边角不能达到的部位辅以夯击或平板振动器压实。当料物较细时，应严格控制加水量，避免出现橡皮土现象。

四、压实机械

众所周知，土料不同，其物理力学性质也不同，因此使之密实的作用外力也不同。黏性土料黏结力是主要的，要求压实作用外力能克服黏结力；非黏性土料（砂性土料、石渣料、砾石料）内摩擦力是主要的，要求压实作用外力能克服颗粒间的内摩擦力。不同的压实机械设备产生的压实作用外力不同，大体可分为碾压、夯击和振动三种基本类型。

碾压的作用力是静压力，其大小不随作用时间而变化。夯击的作用力为瞬时动力，有瞬时脉冲作用，其大小随时间和下落高度而变化。振动的作用力为周期性的重复动力，其大小随时间呈周期性变化，振动周期的长短，随振动频率的大小而变化。

（一）压实机械的类型

根据压实作用力来划分，通常有碾压、夯击、振动压实三种机具。随着工程机械技术的发展，又有振动和碾压同时作用的振动碾，产生振动和夯击作用的振动夯等。常用的压实机具有以下几种。

1.羊角碾

羊角碾的外形与平碾不同，在碾压滚筒表面设有交错排列的截头圆锥体，状如羊角。钢铁空心滚筒侧面设有加载孔，加载物料大小可视设计需要而定。加载物料有铸铁块和砂砾石等。碾滚的轴由框架支撑，与牵引的拖拉机用杠辕相连。羊角的长度随碾滚的重量增加而增加，一般为碾滚直径的1/7～1/6。羊角过长，其表面面积过大，压实阻力增加，羊角端部的接触应力减小，影响压实效果。重型羊角碾碾重可达30 t，相应的羊角长40 cm。拖拉机的牵引力随碾重增加而增加。

羊角碾的羊角插入土中，不仅会使羊角端部的土料被压实，还会使侧向土料受到挤压，从而达到均匀压实的效果。在压实过程中，羊角对表层土有翻松作用，无须刨毛就能保证土料层间结合良好。

2.振动碾

振动碾是一种振动和碾压相结合的压实机械。它由柴油机带动与机身相连的附有偏心块的轴旋转，迫使碾滚产生高频振动。振动功能以压力波的形式传到土体内。非黏性土料在振动作用下，土粒间的内摩擦力迅速降低，同时由于颗粒大小不均匀，质量有差异，导致惯性力存在差异，从而产生相对位移，使细颗粒填入粗颗粒间的空隙而达到密实的效果。然而，黏性土颗粒间的黏结力是主要的，且土粒相对均匀，在振动作用下，不能取得像非黏性土那样的压实效果。

由于振动作用，振动碾的压实影响深度比一般碾压机械大 1～3 倍，可达 1 m 以上。它的碾压面积比振动夯、振动器压实面积大，压实率很高，振动压实效果好，使非黏性土料的相对密度大大提高，坝体的沉陷量大幅度降低，稳定性明显增强，使土工建筑物的抗震性能大为改善。故相关抗震规范明确规定，对有防震要求的土工建筑物必须用振动碾压实。振动碾结构简单，制作方便，成本低廉，生产效率高，是压实非黏性土石料的高效压实机械。

3.气胎碾

气胎碾有单轴和双轴之分。单轴主要由装载荷重的金属车厢和装在轴上的 4～6 个气胎组成。碾压时在金属车厢内加载，并同时将气胎充气至设计压力。为防止气胎损坏，停工时应用千斤顶将金属车厢支托起来，并把胎内的气放掉。

气胎碾在碾压土料时，气胎随土体的变形而变形。随着土体压实密度的增加，气胎的变形量也相应增加，始终能保持较为均匀的压实效果。与刚性碾相比，气胎碾对土体的接触压力分布均匀且作用时间长，压实效果好，压实土料厚度大，生产效率高。

气胎碾可根据压实土料的特性调整其内压力，使气胎对土体的压力始终保持在土料的极限强度内。对黏性土来说，气胎的内压力应为 0.5～0.6 Mpa；对非黏性土来说，气胎的内压力应为 0.2～0.4 Mpa。平碾碾滚是刚性的，不能适应土体的变形，荷载过大就会使碾滚的接触应力超过土体的极限强度，这就阻碍了平碾朝重型方向发展。气胎碾却不然，随着荷载的增加，气胎与土体的接触面增大，接触应力仍不致超过土体的极限强度。所以只要牵引力能满足要求，就不妨碍气胎碾朝重型、高效的方向发展。

早在 20 世纪 60 年代，美国就生产了重 200 t 的超重型气胎碾。由于气胎碾既适用于压实黏性土料，又适用于压实非黏性土料，能做到一机多用，有利于防渗土料与坝壳土料平起，同时上升，用途广泛，很有发展前途。

4.夯板

夯板可以吊装在去掉土斗的挖掘机的臂杆上，借助卷扬机操纵绳索系统使夯板上升。夯击土料时将索具放松，使夯板自由下落，夯实土料，其压实铺土厚度可达 1 m，生产效率较高。对于大颗粒填料可用夯板夯实，其破碎率比用碾压机械压实大得多。为了提高夯实效果，适应夯实土料特性，在夯击黏性土料或略受冰冻的土料时，也可将夯板装上羊角，组成羊角夯。

夯板的尺寸与铺土厚度 h 密切相关。在夯击作用下，土层沿垂直方向应力的分布随夯板短边 b 的尺寸变化而变化。当 $b=h$ 时，底层应力与表层应力之比为 0.965；当 $b=0.5h$ 时，底层应力与表层应力比为 0.473。若夯板尺寸不变，表层和底层的应力差值随铺土厚度增加而增加。差值越大，压实后的土层竖向密度越不均匀。故选择夯板尺寸时，应尽可能使夯板的短边尺寸接近或略大于铺土厚度。

夯板工作时，机身在压实地段中部后退移动，随夯板臂杆的回转，土料被夯实的夯迹呈扇形。为避免漏夯，夯迹与夯迹之间要套夯，其重叠宽度为 10～15 cm，夯迹排与排之间也要搭接相同的宽度。为保证夯板的工作效率，避免前后排套压过多，夯板的工作转角以 80°～90°为宜。

（二）压实机械的选择

1.选择压实机械的因素

选择压实机械通常要考虑以下因素：

①与压实土料的物理力学性质相适应；

②能够满足设计压实标准；

③可能用到的设备类型；

④满足施工强度要求；

⑤设备类型、规格与工作面的大小、压实部位相适应；

⑥施工队伍现有装备和施工经验等。

2.各种压实机械的适用情况

根据国产碾压设备情况，宜用 50 t 气胎碾碾压黏性土、砾质土，压实含水量略高于最优含水量的土料。用 9～14.6 t 的双联羊角碾碾压实黏性土，重型羊角碾宜用于含水量低于最优含水量的重黏性土，对于含水量较高、压实标准较低的轻黏性土也可用肋形碾和平碾压实。堆石与含有大于 500 mm 特大粒径的砂卵石多用 10～25 t 的自行式振动碾压实。用直径 110 cm、重 2.5 t 的夯板夯实砂砾料和狭窄地带的填土，对与刚性建筑物、岸坡等接触的接触带、边角、拐角等部位可用轻便夯夯实。各主要碾压机械的适用性如表 2-1 所示。

表 2-1　各主要碾压机械的适用性

碾压设备	土料种类							
	堆石	砂、砂砾料		砾质土	黏性土	黏土		软弱风化土石混合料
		优良级配	均匀级配			低中强度黏土	高强度黏土	
5～10 t 振动平碾	△	○	○	○	△	△	△	
10～15 t 振动平碾	○	○	○	○	△	△	△	
振动凸块碾			△	△	○	○	△	

续表

碾压设备	土料种类							
	堆石	砂、砂砾料		砾质土	黏性土	黏土		软弱风化土石混合料
		优良级配	均匀级配			低中强度黏土	高强度黏土	
振动羊角碾				△	△	○	△	
气胎碾		○	○	○	○	○	○	
羊角碾				△	○	○	○	
夯板		○	○	○	○	△	△	
尖齿碾								○

注：○表示适用，△表示可用。

五、土石料的压实标准及压实参数的选择

土石料的压实，是保证土石坝施工质量的关键。维持土石坝自身稳定的土料内部阻力（黏结力和摩擦力）、土料的防渗性能等，都随土料密实度的增加而提高。例如，干表观密度为 1.4 t/m³ 的砂壤土，压实后，若干表观密度提高到 1.7 t/m³，其抗压强度可提高 4 倍，渗透系数将降至 1/2 000，其结果可使坝坡加陡，体积减小，工程投资减少。

（一）土石料的压实特性

土石料压实特性与土石料本身的性质、颗粒组成情况、级配特点、含水量多少以及压实功能等有关。黏性土料与非黏性土料的压实有着显著的差别。一般黏性土料的黏结力较大，摩擦力较小，具有较大的压缩性，但由于其透水性差，排水困难，压缩过程慢，所以很难达到固结压实的效果。而非黏性土料黏结力小，摩擦力大，具有较小的压缩性，但由于透水性强，排水容易，压缩过程快，能很快达到密实的程度。

　　土料颗粒粗细组成也会影响压实效果。颗粒愈细，孔隙比就愈大，所含矿物分散度愈高，就愈不容易压实。所以黏性土的压实干表观密度低于非黏性土的压实干表观密度。颗粒不均匀的砂砾料，比颗粒均匀的砂砾料的干表观密度大一些。土料的含水量是影响压实效果的重要因素之一。用击实仪（南实仪）对黏性土进行击实试验，可得到一组关于击实次数、干表观密度和含水量的关系曲线，如图 2-1 所示。

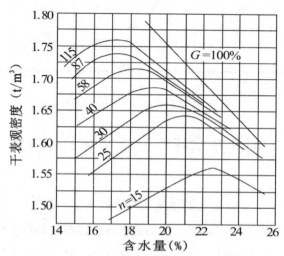

图 2-1　某工程粉质黏土的击实曲线

　　图中 n 为击实次数，G 为饱和度。

　　在某一击实次数下，干表观密度达到最大值时的含水量为最优含水量；对每一种土料，在一定的压实次数下，只有在最优含水量范围内，才能获得最大干表观密度，且压实也较经济。

　　非黏性土料的透水性强，排水容易，压缩过程快，能够很快压实，不存在最优含水量，因此对含水量不作专门控制。这是非黏性土料与黏性土料压实特性的根本区别。

　　击实次数的多少也影响着土料干表观密度的大小，从图 2-1 可以看出，击实次数增加，干表观密度也随之增大，而最优含水量则随之减少。说明同一种土料的最优含水量和最大干表观密度并不是一个恒定值，而是随击实次数的不同而异。

一般说来，增加击实次数可增加干表观密度，这种特性，含水量较低（小于最优含水量）的土料比含水量较高（大于最优含水量）的土料更为显著。

（二）土石料的压实标准

土石料压实得越好，物理力学性能指标就越高，坝体填筑质量就越有保证。但土石料的过分压实，不仅增加了压实费用，还会产生剪切破坏，反而达不到应有的压实效果。土石料的压实标准是根据水利工程设计要求和土料的物理力学特性推算出来的。

黏性土料主要以压实干表观密度 γ_d 和施工含水量为压实标准，非黏性土料（如砂土、砂砾石）以相对密度 D 为压实标准，而石渣或堆石体则以孔隙率为压实标准。

在施工现场，用相对密度来控制施工质量不太方便，通常是将相对密度 D 转换为对应的干表观密度 γ_d，并按非黏性土不同砾石含量确定干表观密度的大小，然后分别确定不同的压实标准。其换算公式为：

$$\gamma_d = \frac{\gamma_1 \gamma_2}{\gamma_2 (1-D) + \gamma_1 D} \qquad (2\text{-}2)$$

式中：

γ_d——与土料相对密度 D 对应的干容重（t/m³）；

γ_1——土料极松散时的干容重（t/m³）；

γ_2——土料极紧密时的干容重（t/m³）；

D——土料的相对密度。

（三）压实参数的确定

在确定土料压实参数前必须对土料场进行充分调查，全面掌握各料场土料的物理力学指标，在此基础上选择具有代表性的料场进行碾压试验，作为施工过程的控制参数。当所选料场土性差异较大时，应分别进行碾压试验。

压实试验前，先通过理论计算并参照已建类似工程的经验，初选几种碾压机械和拟定几组碾压参数，采用逐步收敛法进行试验。先以室内试验确定的最优含水量进行现场试验。

所谓逐步收敛法是指固定其他参数，变动一个参数，通过试验得到该参数的最优值。将优选的此参数和其他参数固定，再变动另一个参数，用试验确定其最优值。以此类推，得到每个参数的最优值。最后将这组最优参数再进行一次复核试验。若试验结果满足设计、施工要求，便可作为现场使用的施工碾压参数。

试验中，现场碾压试验设备及碾压参数组合如表 2-2 所示。

表 2-2　现场碾压试验设备及碾压参数组合

压实参数	碾压机械				
	平碾	羊角碾	气胎碾	夯板	振动碾
机械参数	选择三种单宽压力或碾重	选择三种羊角接触压力或碾重	气胎的内压力和碾重各选三种	夯板的自重和直径各选三种	对确定的一种机械碾重为定值
施工参数	①选三种铺土厚度 ②选三种碾压遍数 ③选三种含水量	①选三种铺土厚度 ②选三种碾压遍数 ③选三种含水量	①选三种铺土厚度 ②选三种碾压遍数 ③选三种含水量	①选三种铺土厚度 ②选三种夯实遍数 ③选三种夯板落距 ④选三种含水量	①选三种铺土厚度 ②选三种碾压遍数 ③充分洒水①
复核试验参数	按最优参数试验	按最优参数试验	按最优参数试验	按最优参数试验	按最优参数试验

---

① 堆石的洒水量约为其体积的 30%～50%，砂砾料约为 20%～40%。

续表

压实参数	碾压机械				
	平碾	羊角碾	气胎碾	夯板	振动碾
全部试验组数	13	13	16	19（16）[1]	10（7）[2]
每个参数试验场地大小（m²）	3×10	6×10	6×10	8×8	10×20

黏性土料压实含水量可取 $W_1 = W_p + 2\%$；$W_2 = W_p$；$W_3 = W_p - 2\%$ 三种进行试验。W_p 为土料的塑限。

试验的铺土厚度和碾压遍数应根据所选用的碾压设备型号确定。试验测定相应的含水量和干表观密度，作出对应的关系曲线，如图 2-2 所示。

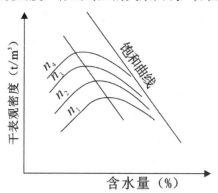

图 2-2　不同铺土厚度、不同压实遍数土料含水量和干表观密度的关系曲线

根据上述关系，再作出铺土厚度、压实遍数与最大干表观密度、最优含水量关系曲线，如图 2-3 所示。

---

[1] 通过固定夯板直径，此时只试验 16 组。

[2] 通常固定碾重，此时只试验 7 组。

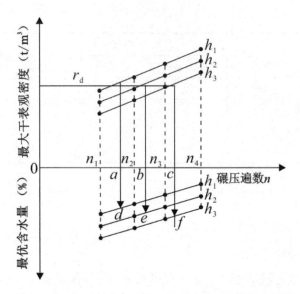

图 2-3　铺土厚度、压实遍数与最大干表观密度、最优含水量关系曲线

从图 2-3 可知，根据设计干表观密度 γ_d，分别查出不同铺土厚度 h_1、h_2、h_3 所需的压实遍数 a、b、c 及相应的最优含水量 d、e、f。然后再分别计算 h_1/a、h_2/b、h_3/c 的值（即单位压实遍数的压实厚度），并进行比较，以其最大值为最经济的铺土厚度和压实遍数。

选定最经济的压实厚度和压实遍数后，应首先核对是否满足压实标准的含水量要求，将选定的含水量控制范围与天然含水量相比较，看是否便于施工控制。如果施工控制很困难，可适当改变含水量或其他参数。此外，在施工过程中如果压实干表观密度的合格率不满足设计标准要求，也可适当调整碾压遍数。有时对同一种土料采用两种机械进行组合压实时，可能获得较好的效果。

非黏性土料含水量的影响不如黏性土料显著，试验中可充分洒水，只作铺土厚度、相对密度（或干表观密度）与压实遍数的关系曲线，如图 2-4 所示。

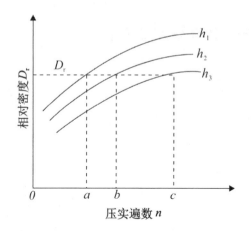

图 2-4 非黏性土不同铺土厚度、相对密度与压实遍数的关系曲线

根据设计要求的相对密度 D_r，求出不同铺土厚度对应的压实遍数 a、b、c，然后比较 h_1/a、h_2/b、h_3/c，其最大值即为最经济的铺土厚度和压实遍数。最后再结合施工情况，综合分析选定铺土厚度和压实遍数。

第四节 混凝土面板堆石坝施工

我国第一座混凝土面板堆石坝是抛填式的贵州百花水电站大坝，该大坝高 47.8 m，于 1966 年建成。现代混凝土面板堆石坝的建设始于 1985 年，首先开工的为 95 m 高的湖北西北口水库大坝（1985 年开工），首先建成的为 58.5 m 高的辽宁关门山水库大坝（1988 年建成）。此后，面板坝的建设如雨后春笋。此外，面板堆石坝还用于心墙堆石坝、浆砌石坝的加高。混凝土面板坝的防渗系统由基础防渗工程、趾板、面板组成。其特点是：堆石坝体能直接挡水或过水，简化了施工导流与度汛，枢纽布置紧凑，充分利用了当地材料。面板坝可分期施工，便于机械化施工，施工受气候条件的影响较小。

一、混凝土面板坝坝体分区

面板堆石坝上游面有薄层面板，面板可以是刚性钢筋混凝土的，也可以是柔性沥青混凝土的。坝身主要是堆石结构。良好的堆石材料，尽量减少堆石体的变形，为面板正常工作创造条件，也是坝体安全运行的基础。坝体部位不同，受力状况不同，对填筑材料的要求也不同，所以应对坝体进行分区。

面板下垫层区的主要作用是为面板提供平整、密实的基础，将面板承受的水压力均匀地传递给主堆石体。过渡区位于垫层区和主堆石区之间，其主要作用是保护垫层区在高水头作用下不被破坏。其粒径、级配要求符合垫层料与主堆石料间的反滤要求。主堆石区是坝体维持稳定的主体，其石质好坏、密度、沉降量大小，直接影响面板的安危。下游堆石区起保护主堆石体及保证下游边坡稳定的作用，要求采用较大石料填筑，允许有少量分散的风化岩。由于该区沉陷变形对面板影响较小，因此对石质及密度要求有所放宽。

一般面板坝的施工程序为：岸坡坝基开挖清理，趾板基础及坝基开挖，趾板混凝土浇筑，基础灌浆，分期分块填筑主堆石料，垫层料必须与部分主堆石料平起上升，填至分期高度时用滑模浇筑面板，同时填筑下期坝体，再浇混凝土面板，直到坝顶。堆石坝填筑的施工设备、工艺和压实参数的确定，和常规土石坝非黏性土料施工没有本质区别。

二、垫层料施工

垫层为堆石体坡面最上游部分，可用人工碎石料或级配良好的砂砾料填筑。为减少面板混凝土超浇量，改善面板的应力条件，必须对上游垫层坡面进行修整和压实。水平填筑时一般向外超填 15～30 cm，斜坡长度达到 10～15 m 时修整、压实一次。可采用人工或激光制导反铲进行修整。在坡面修整后即进行斜坡碾压。一般可利用为填筑坝顶布置的索吊牵引振动碾上下往返运行，也可使用平板式振动压实器对斜坡进行压实。

未浇筑面板之前的上游坡面，尽管经斜坡碾压后具有较高的密实度，但其抗冲蚀和抗人为因素破坏的性能差，一般须对垫层坡面进行防护处理。防护的作用有三点：①防止雨水冲刷垫层坡面；②为面板混凝土施工提供良好的工作面；③利用堆石坝体挡水或过水时，垫层护面可起到临时防渗和保护作用。一般采用喷洒乳化沥青保护，喷射混凝土或摊铺和碾压水泥砂浆防护。混凝土面板或面板浇筑前的垫层料，施工期不允许承受反向水压力。

三、趾板施工

趾板施工程序为：河床段趾板应在基岩开挖完毕后立即进行浇筑，在大坝填筑之前浇筑完毕；岸坡部位的趾板必须在填筑之前一个月内完成，为减少工序之间的相互干扰，加快施工进度，可在趾板基岩开挖一段之后，立即由顶部自上而下分段进行施工；如工期和工序不受约束，也可在趾板基岩全部开挖完成以后再进行趾板施工。

趾板施工的步骤是：清理工作面，测量与放线，锚杆施工，立模安装止水片，架设钢筋，预埋件埋设，冲洗仓面，开仓检查，浇筑混凝土，养护。混凝土浇筑可采用滑模或常规模板进行。

四、钢筋混凝土面板施工

钢筋混凝土面板是刚性面板堆石坝的主要防渗结构，厚度薄、面积大，在满足抗渗性和耐久性的条件下，要求具有一定的柔性，以适应堆石体的变形。面板浇筑一般在堆石坝体填筑完成或至某一高度后，在气温适当的季节集中进行，由于汛期限制，工期往往很紧。

面板由起始板及主面板组成。起始板可以采用固定模板或翻转模板浇筑，也可用滑模浇筑。当起始板不采用滑模浇筑时，应尽量在坝体填筑时创造条件提前浇筑。中等高度以下的坝，面板混凝土不宜设置水平缝，高坝和要求施工期蓄水的坝，面板可设 1～2 条水平工作缝，分期浇筑。垂直缝分缝宽度应根据滑模结构，按照易于操作、便于仓面组织等原则确定，一般为 12～16 m。

钢筋混凝土面板一般采用滑模法施工，滑模分有轨滑模和无轨滑模两种。无轨滑模是近几年在面板坝施工实践中提出的，它克服了有轨滑模的缺点，减轻了滑动模板自身的重量，提高了工作效率，节约了投资，在国内得到了广泛应用。滑模上升速度一般为 1 m/h～2.5 m/h，最高可达 6 m/h。

混凝土场外运输主要采用混凝土搅拌运输车、自卸汽车等。坝面输送主要采用溜槽和混凝土泵。钢筋的架设一般采用现场绑扎和焊接或预制钢筋网片和现场拼接的方法。

金属止水片的成型主要有冷挤压成型、热加工成型或手工成型。一般成型后应进行退火处理。现场拼接方式有搭接、咬接、对接，对接一般用在止水接头异型处，应在加工厂内施焊，以保证质量。

五、沥青混凝土面板施工

沥青混凝土施工过程中温度控制十分严格，在不同地区、不同季节，必须根据材料的性质、配比，通过试验确定不同温度的控制标准。

沥青混凝土面板的施工特点是：铺填及压实层薄，通常板厚 10～30 cm，施工压实层厚仅 5～10 cm，且铺填及压实均在坡面上进行。沥青混凝土的铺填和压实多采用机械化流水作业施工。沥青混凝土热料由汽车或装有料罐的平车经堆石体上的工作平台运至坝顶门式绞车前，由门式绞车杆吊运料罐卸料到给料车的料斗内。给料车供给铺料车沥青混凝土。

铺料车在门式绞车的牵引下，沿平整后的堆石坡面自下而上地铺料，铺料宽度一般为 3～4 m。在门式绞车的牵引下，特制的斜坡振动碾压机械尾随铺料车将铺好的沥青混凝土压实。采用这些机械施工的最大坡长为 150 m。当坡长超过范围时，须将堆石体分成两期或多期进行施工，每期堆石体顶部均须留出 20～30 m 的工作平台。机械化施工，每天可铺填压实 300～500 t 沥青混凝土。

第五节 土石坝施工质量控制

施工质量检查和控制是保证土石坝安全的重要措施。在施工过程中，除对地基进行专门检查外，对料场土料、坝身填筑以及堆石体、反滤料的填筑都应进行严格的检查和控制。在土石坝施工过程中，应实行全面质量管理制度，建立完善的质量保证体系。

一、料场的质量检查与控制

对料场来说，应经常检查所取土料的土质情况、土块大小、杂质含量及含水量是否符合规范规定。其中，含水量的检查和控制尤为重要。若土料的含水量偏高，一方面应改善料场的排水条件，采取防雨措施，另一方面应将含水量偏高的土料进行翻晒处理，或采取轮换掌子面的办法，使土料含水量降至规定范围再开挖。若以上方法仍难以满足要求，可以采用机械烘干法烘干。

当土料含水量不均匀时，应考虑堆筑"土牛"（大土堆），待含水量均匀后再外运。当含水量偏低时，对于黏性土料应考虑在料场加水。料场加水量 Q_0 可按下式计算：

$$Q_O = \frac{Q_D}{K_p} \gamma_e (W_O + W - W_e) \qquad (2\text{-}3)$$

式中：

Q_O——料场加水量；

Q_D——土料上坝强度；

K_p——土料的可松性系数；

γ_e——料场的土料表观密度；

W_O、W、W_e——分别为坝面碾压要求的含水量、装车和运输过程中含水量的蒸发损失量以及料场土料的天然含水量。W 值通常取 $0.02 \sim 0.03$，最好在现场测定。

料场加水的有效方法是分块筑畦埂，灌水浸渍，轮换取土。若地形高差大也可采用喷灌机喷洒，此法易于掌握，能节约用水。无论采用哪种加水方式，均应进行现场试验。对于非黏性土料，可用洒水车在坝面喷洒加水，避免运输时从料场至坝上的水量损失。

对石料场来说，应经常检查石质、风化程度、爆落块料大小及形状是否满足上坝要求。如发现不合要求，应查明原因，及时处理。

二、坝面的质量检查与控制

在坝面作业中，应对铺土厚度、填土块度、含水量大小、压实后的干表观密度等进行检查，并提出质量控制措施。对黏性土来说，含水量的检测是关键。最简单的办法是"手检"，即手握土料能成团，手指搓可成碎块，则含水量合适。但这种方法太依赖经验，不是十分可靠。工地多用取样烘干法，如酒精灯燃烧法、红外线烘干法、高频电炉烘干法、微波含水量测定仪等。采用核子水分密度仪能够迅速、准确地测定压实土料的含水量及干表观密度。

Ⅰ、Ⅱ级坝的心墙、斜墙，测定土料干表观密度的合格率应不小于 90%；Ⅲ、Ⅳ级坝的心墙、斜墙或Ⅰ、Ⅱ级均质坝的心墙、斜墙，测定土料干表观密度的合格率应达到 80%～90%。不合格干表观密度不得低于设计干表观密度的98%，且不合格样不得集中。测定压实干表观密度时，黏性土一般可用体积为200～500 cm³ 的环刀测定；砂可用体积为 500 cm³ 的环刀测定；砾质土、砂砾料、反滤料可用灌水法或灌砂法测定；堆石因其空隙大，一般用灌水法测定。当砂砾料因缺乏细料而架空时，也可用灌水法测定。

根据地形、地质、坝料特性等因素，在施工特征部位和防渗体中选定一些固定取样断面，沿坝高 5～10 m 取代表性试样（总数不宜少于 30 个），进行室内物理力学性能试验，作为核对设计及工程管理的依据。此外，还要对坝面、坝基、削坡、坝肩接合部、与刚性建筑物连接处以及各种土料的过渡带进行检查，应认真检查土层层间结合处是否出现光面和剪力破坏现象。对施工过程中的可疑之处，如上坝土料的土质、含水量不合要求，漏压或碾压遍数不够，超压或碾压遍数过多，铺土厚度不均匀等环节应重点抽查，不合格者返工。

对于反滤层、过渡层、坝壳等非黏性土的填筑，主要应控制压实参数，如不符合要求，施工人员应及时纠正。在填筑排水反滤层的过程中，每层在 25×25 m² 的面积内取样 1～2 个；对于条形反滤层，每隔 50 m 设一取样断面，每个取样断面每层取样不得少于 4 个，均匀分布在断面的不同部位，且层间取样位置应彼此对应。应全面检查反滤层铺填厚度、是否混有杂物、填料的质量及颗粒级配等。通过颗粒分析，查明反滤层的层间系数和每层的颗粒不均匀系数是否符合设计要求。如不符合要求，应重新筛选，重新铺填。

土坝的堆石棱体与堆石体的质量检查大体相同。主要应检查上坝石料的质量、风化程度，石块的重量、尺寸、形状，以及堆筑过程中有无离析、架空现象等。检查堆石的级配及孔隙率的大小时，应分层分段取样，确定是否符合规范要求。对坝体的填筑应分层埋设沉降管，定期观测施工过程中坝体的沉陷情况，并画出沉陷随时间变化的过程曲线。另外，应及时整理对填筑土料、反滤料、堆石体等的质量检查记录，分别编号存档，编制数据库，既作为施工过程全面质量管理的依据，也作为坝体运行后进行长期观测和事故分析的佐证。

近年来，我国已研制成功一种装在振动碾上的压实计，能向在碾压中的堆石层发射和接收其反射的振动波，可在仪器上显示出堆石体在碾压过程中的变形模量。这种装置使用方便，可随时获得所需数据，但其精度较低，只能作为测量变形数据的辅助工具。

第六节　土石坝冬季和雨季施工

土石坝的施工特点之一就是大面积的露天作业，直接受外界气候环境的影响，尤其是对防渗土料影响更大。降雨会增大土料的含水量，冬季土料又会冻结成块，这些都会影响施工质量。因此，土石坝的冬雨季施工问题常成为土石坝施工的障碍。它使施工的有效工作日大为减少，造成土石坝施工强度不均匀，增加施工过程中拦洪、度汛的难度，甚至延误工期。为了保证坝体的施工进度，降低工程造价，必须解决土石坝冬季和雨季施工问题。

一、土石坝冬季施工

寒冬土料冻结会给施工带来极大困难，因此当日平均气温低于 0 ℃时，黏性土料应按低温季节施工标准施工；当日平均气温低于－10 ℃时，一般不宜填筑土料，否则应进行技术经济论证。

我国北方地区冬季时间长，如不能施工将给工程进度带来影响。因此，土石坝冬季施工也就成为在北方地区施工时要解决的重要问题。冬季施工的主要问题在于：土的冻结使其强度增大，不易压实；而冻土的融化却使土体的强度和土坡的稳定性降低；处理不好，将使土体产生渗漏或塑流滑动。

外界气温降低时，土料中水分开始结冰的温度低于 0 ℃，即所谓过冷现象。土料的过冷温度和过冷持续时间与土料种类、含水量大小和冷却强度有关。当负温不是太低时，土料的水分能长期处于过冷状态而不结冰。含水量低于塑限的土料及含水量低于 4%～5% 的砂砾料，由于水分子与颗粒的相互作用，土的过冷现象极为明显。土的过冷现象表明，当负气温不太低时，用具有正温的土料露天填筑，只要控制好含水量，有可能在土料未冻结之前填筑完毕。因此，土石坝冬季施工，只要采取适当的技术措施，防止土料冻结，降低土料含水量，减少冻融带来的影响，仍可保证施工质量和施工进度。

（一）负温下的土料填筑

负温下的土料填筑，要求黏性土含水量略低于塑限，防渗体土料含水量不应大于塑限的 90%，不得加水或夹有冰雪。在未冻结的黏土中，允许含有少量小于 5 cm 的冻块，但要均匀分布，其允许含量与土温、土料性质、压实机具和压实标准有关，要通过试验确定。

铺料、碾压、取样等，应快速作业，压实土料温度必须在－1 ℃以上。土料填筑应提高压实强度，宜采用重型碾压机械。在坝体分段结合处严禁有冻土层、冰块存在，应将已填好的土层按规定削成斜坡相接，接坡处应做成梳齿形样槽，用不含冻土的暖料填筑。

（二）负温下的砂砾料填筑

砂砾料的含水量应小于 4%，不得加水。最好采用地下水位以上或气温较高季节堆存的砂砾料填筑。填筑时应基本保持正温，冻料含量应在 10% 以下，冻块粒径不超过 10 cm 且分布均匀。利用重型振动碾和夯板压实，使用夯板时，每层铺料厚度可减薄 1/4 左右；使用重型振动碾时，一般可不减薄。

（三）暖棚法施工

当日最低气温低于－10 ℃时，多采用简易结构暖棚和保温材料，将需要填筑的坝面临时封闭起来。在暖棚内采取蒸汽或火炉等升温措施，使之在正温条件下施工。暖棚法施工费用较高，大伙房水库心墙坝冬季暖棚法施工与正温露天作业相比，其黏性土填筑费用增加 41.8%，砂砾料填筑费用则增加 102%。

在负温下对土石坝施工，应对料场采取防冻保温措施，如在料场可采取覆盖隔热材料或积雪、冰层等方式进行保温，也可用松土保温等。一般来说，只要采料温度为 5～10 ℃，碾压时温度不低于 2 ℃，就能保证土料的压实效果。

二、土石坝雨季施工

土石坝防渗体土料在雨季施工时，总的原则是"避开、适应和防护"。一般情况下，应尽量避免在雨季进行土料施工；选择对含水量不敏感的非黏性土料，以适应雨季施工，争取小雨日施工，以增加施工天数；在雨日不太多，降雨强度大，花费不大的情况下，采取一般性的防护措施也常能奏效。例如，某黏土心墙坝，在雨季中的晴天，心墙两侧仅填筑部分足以维持心墙稳定的护坡坝壳，其外坡的坡度一般为 1∶2～1∶1.5，当下雨不能填土时，则集中力量填筑坝壳部分。对于斜墙坝，也应在晴天抢填土料，在雨天或雨后填筑坝壳部分，从而减少彼此的干扰，使施工程序更为协调。

在雨季施工时，还应采取以下有效的施工技术及防护措施。

第一，快速压实松土，防止雨水渗入松土，这是雨季施工中最有效的措施，具有省工、省费用、施工方便等优点。坝面填筑应力争平起，保持填筑面平整，使填筑面中央凸起，微向上下游倾斜 2%左右，以利于排水。对于砂砾料坝壳，应防止暴雨冲刷坝坡，可在距坝坡 2～3 m 处，用砂砾料筑起临时小埝，不使坝面雨水沿坡面下流，而使雨水下渗。雨前将施工机械撤出填筑面，停放在坝壳区，做好填土面的保护工作。下雨或雨后，尽量不要踩踏坝面，禁止机械通行，以防止坝面上形成稀泥。

第二，可在坝面设防雨棚，用苫布、油布或简易防雨设备覆盖坝面，避免雨水渗入，缩短雨后停工时间，争取缩短填筑工期。在雨季还应采取措施及时排除土料场的雨水，土料场停工或下雨时，原则上不得留有松土。如必须贮存一部分松土，可堆成"土牛"并加以覆盖，并在四周设置排水设施。

第三，运输道路也是雨季施工的关键之一。一般的泥结碎石路面遇雨水浸泡时，路面容易被破坏，即使天晴坝面可复工，但因道路影响，材料运输车不能及时复工，不少工程有过此类问题。所以应采取措施加强雨季路面维护和排水工作，在多雨地区的主要运输道路，可考虑采用混凝土路面。

第三章　混凝土工程施工技术

自 1850 年出现钢筋混凝土以来，混凝土材料已广泛应用于工程建设，如各类建筑工程、构筑物、桥梁、港口码头、水利工程等。混凝土是由水泥、石灰、石膏等无机胶结料与水或沥青、树脂等有机胶结料的胶状物与粗细骨料，必要时掺入矿物质混合材料和外加剂，按适当比例配合，经过均匀搅拌，密实成型及在一定温湿条件下养护硬化而成的一种复合材料。

随着工程界对混凝土的特性提出更高的要求，混凝土的种类更加多样化，如高强度高性能混凝土、流态自密实混凝土、泵送混凝土、干贫碾压混凝土等。随着科学技术的进步，混凝土的施工方法和工艺也在不断改进，薄层碾压浇筑、预制装配、喷锚支护、滑模施工等新工艺相继出现。在水利水电工程中，混凝土的应用非常广泛且用量巨大。

第一节 混凝土的分类及性能

一、混凝土的分类

(一) 按胶凝材料分

1.无机胶凝材料混凝土

无机胶凝材料混凝土包括石灰硅质胶凝材料混凝土(如硅酸盐混凝土)、硅酸盐水泥系混凝土(如硅酸盐水泥、矿渣水泥、粉煤灰水泥、火山灰质水泥、早强水泥混凝土等)、钙铝水泥系混凝土(如高铝水泥、纯铝酸盐水泥、喷射水泥、超速硬水泥混凝土等)、石膏混凝土、镁质水泥混凝土、硫黄混凝土、水玻璃氟硅酸钠混凝土、金属混凝土(用金属代替水泥作胶结材料)等。

2.有机胶凝材料混凝土

有机胶凝材料混凝土主要有沥青混凝土、聚合物水泥混凝土、树脂混凝土、聚合物浸渍混凝土等。

(二) 按表观密度分

混凝土按照表观密度的大小可分为重混凝土、普通混凝土、轻质混凝土,这三种混凝土的不同之处在于骨料不同。

1.重混凝土

重混凝土是表观密度大于 2 500 kg/m³,用特别密实和特别重的骨料制成的混凝土,如重晶石混凝土、钢屑混凝土等,它们具有不透 X 射线和 γ 射线的性能,常由重晶石和铁矿石配制而成。

2.普通混凝土

普通混凝土,表观密度为 1 950～2 500 kg/m³,以砂、石子为主要骨料配制而成，是常用的混凝土品种。

3.轻质混凝土

轻质混凝土是表观密度小于 1 950 kg/m³ 的混凝土，它又可分为以下三类：

一是轻骨料混凝土，其表观密度为 800～1 950 kg/m³。轻骨料包括浮石、火山渣、陶粒、膨胀珍珠岩、膨胀矿渣等。

二是多孔混凝土（如泡沫混凝土、加气混凝土等），其表观密度通常为 300～1 000 kg/m³。泡沫混凝土是由水泥浆或水泥砂浆与稳定的泡沫制成的。加气混凝土是由水泥、水与发气剂制成的。

三是大孔混凝土（如普通大孔混凝土、轻骨料大孔混凝土等），其组成中无细骨料。普通大孔混凝土的表观密度为 1 500～1 900 kg/m³，是用碎石、软石、重矿渣作骨料配制的。轻骨料大孔混凝土的表观密度为 500～1 500 kg/m³，是用陶粒、浮石、碎砖、矿渣等作为骨料配制的。

（三）按使用功能分

按使用功能可分为结构混凝土、保温混凝土、装饰混凝土、防水混凝土、耐火混凝土、水工混凝土、海工混凝土、道路混凝土、防辐射混凝土等。

（四）按施工工艺分

按施工工艺可分为离心混凝土、真空混凝土、灌浆混凝土、喷射混凝土、碾压混凝土、挤压混凝土、泵送混凝土等。

（五）按配筋方式分

按配筋方式可分为素（即无筋）混凝土、钢筋混凝土、纤维混凝土、预应力混凝土等。

（六）按拌和物的流动性能分

按拌和物的流动性能可分为干硬性混凝土、半干硬性混凝土、塑性混凝土、流动性混凝土、高流动性混凝土、流态混凝土等。

（七）按掺合料分

按掺合料可分为粉煤灰混凝土、硅灰混凝土、矿渣混凝土、纤维混凝土等。

另外，混凝土还可按抗压强度分为低强度混凝土（抗压强度小于 30 MPa）、中强度混凝土（抗压强度为 30～60 MPa）和高强度混凝土（抗压强度大于 60 MPa）；按每立方米水泥用量又可分为贫混凝土（水泥用量不超过 170 kg）和富混凝土（水泥用量不小于 230 kg）等。

二、混凝土的性能

混凝土的性能主要有以下几项。

（一）和易性

和易性是混凝土拌和物最重要的性能，主要包括流动性、黏聚性和保水性三个方面，综合表示拌和物的稠度、流动性、可塑性，抗泌水、离析、分层的性能，以及易抹面性等。测定和表示拌和物和易性的方法与指标很多，我国主要采用截锥坍落筒测定的坍落度及用维勃仪测定的维勃时间，作为稠度的主要指标。

（二）强度

强度是混凝土硬化后最重要的力学性能，是指混凝土抵抗压、拉、弯、剪等应力的能力。水灰比、水泥品种和用量、骨料的品种和用量以及搅拌、成型、养护等工序，都直接影响混凝土的强度。混凝土按标准抗压强度（以边长为 150 mm 的立方体为标准试件，在标准养护条件下养护 28 d，按照标准试验方法测得的具有 95%保证率的立方体抗压强度）划分强度等级，可以分为 C10、C15、C20、C25、C30、C35、C40、C45、C50、C55、C60、C65、C70、C75、C80、C85、C90、C95、C100 共 19 个等级。混凝土的抗拉强度仅为其抗压强度的 1/20～1/10。提高混凝土抗拉强度与抗压强度的比值是混凝土改性的重要方面。

（三）变形

混凝土在荷载或温湿度作用下会产生变形，主要包括弹性变形、塑性变形、收缩和温度变形等。混凝土在短期荷载作用下的弹性变形主要用弹性模量表示。在长期荷载作用下，应力不变，应变持续增加的现象为徐变；应变不变，应力持续减少的现象为松弛。由于水泥水化、水泥石的碳化和失水等原因产生的体积变形，称为收缩。

硬化混凝土的变形来自两方面，即环境因素（温度、湿度变化）和外加荷载因素，因此，有以下结论：

①荷载作用下的变形包括弹性变形和非弹性变形；

②非荷载作用下的变形包括收缩变形（干缩、自收缩）和膨胀变形（湿胀）；

③复合作用下的变形包括徐变。

（四）耐久性

混凝土在使用过程中抵抗各种破坏因素作用的能力称为耐久性。混凝土耐久性的好坏，决定着混凝土工程寿命的长短。耐久性是混凝土的一个重要性能，因此，长期以来受到人们的高度重视。一般情况下，混凝土具有良好的耐久性。但在寒冷地区，特别是在水位变化的工程部位以及在饱水状态下受到频繁的冻融交替作用时，混凝土易损坏。为此，对混凝土有一定的抗冻性要求。用于不透水的工程时，要求混凝土具有良好的抗渗性和耐蚀性。混凝土耐久性包括抗渗性、抗冻性、抗侵蚀性等。

影响混凝土耐久性的破坏作用主要有六种。

1. 冰冻—融解循环作用

冰冻—融解循环会在混凝土中产生内应力，使混凝土产生裂缝，导致混凝土结构疏松，直至混凝土表层剥落或整体崩溃。

2. 环境水的作用

环境水的作用包括淡水的浸溶作用、含盐水和酸性水的侵蚀作用等。其中，硫酸盐、氯盐、镁盐和酸类溶液在一定条件下可产生剧烈的腐蚀作用，导致混凝土迅速破坏。环境水作用的破坏过程可概括为两种：一是减少组分，即混凝土中的某些组分直接溶解或经过分解后溶解；二是增加组分，即溶液中的某些物质进入混凝土中产生化学、物理变化，生成新的产物。上述组分的增减会导致混凝土不稳定。

3. 风化作用

风化作用包括干湿、冷热的循环作用。在温度、湿度变化快的地区，以及兼有其他破坏因素（比如盐、碱、海水、冻融等）作用时，常能加速混凝土的崩溃。

4. 中性化作用

在空气中的某些酸性气体，如 H_2S 和 CO_2 在适当温度、湿度条件下使混凝土中液相的碱度降低，引起某些组分分解并使体积发生变化。

5. 钢筋锈蚀作用

在钢筋混凝土中，钢筋因电化学作用生锈，体积增加，胀坏混凝土保护层，结果又加速了钢筋的锈蚀，这种恶性循环使钢筋与混凝土同时受到严重破坏，成为毁坏钢筋混凝土结构的一个主要原因。

6. 碱-骨料反应

常见的是水泥或水中的碱分（Na_2O、K_2O）和某些活性骨料（如蛋白石、燧石、安山岩、方石英）中的 SiO_2 起反应，在界面区生成碱性硅酸盐凝胶，使体积膨胀，最后导致整个混凝土建筑物崩解。这种反应又名碱-硅酸反应。此外，还有碱-硅酸盐反应与碱-碳酸盐反应。

此外，有人将抵抗磨损、气蚀、冲击以及高温等作用的能力也纳入混凝土耐久性的范围。

上述各种破坏作用还常因其循环交替和共存叠加而加剧。前者导致混凝土材料的疲劳，后者则使得破坏过程复杂化而难以防治。

要增强混凝土的耐久性，必须从抵抗力和作用力两个方面着手。增强抵抗力就能抑制或延缓作用力的破坏。提高混凝土的强度和密实度有利于增强其耐久性，其中密实度尤为重要，因为孔、缝是破坏因素进入混凝土内部的途径，所以混凝土的抗渗性与抗冻性密切相关。另外，通过改善环境以削弱作用力，也能增强混凝土的耐久性。此外，还可采用外加剂、谨慎选择水泥和集料、掺加聚合物、使用涂层材料等措施延长混凝土工程的安全使用期。

增强混凝土的耐久性是一项长期工程，而破坏过程又十分复杂。因此，要较准确地进行测试及评价还存在不少困难。只是采用快速模拟试验，对在一个或少数几个破坏因素作用下的一种或几种性能变化进行对比并加以测试的方法还不够理想，评价标准也不统一，对于破坏机制及相似规律更缺少深入的研究，因此，到目前为止，混凝土的耐久性还难以预测。除实验室快速试验以外，进行长期暴露试验和工程实物的观测，从而积累数据，将有助于正确评定混凝土的耐久性。

第二节　混凝土的组成材料

普通混凝土是由水泥、粗骨料（碎石或卵石）、细骨料（砂）、外加剂和水拌和，经硬化而成的一种人造石材。砂、石在混凝土中起骨架作用并抑制水泥的收缩；水泥和水形成水泥浆，包裹在粗、细骨料表面并填充骨料间的空隙。水泥浆体在硬化前起润滑作用，使混凝土拌和物具有良好的工作性能，硬化后将骨料胶结在一起，形成坚硬的整体。

一、水泥

（一）水泥的分类

1.按用途及性能分

水泥按用途及性能分为以下几种。

通用水泥：一般土木建筑工程通常使用的水泥。通用水泥主要是指《通用硅酸盐水泥》（GB 175—2007）规定的六大类水泥，即硅酸盐水泥、普通硅酸盐水泥、矿渣硅酸盐水泥、火山灰质硅酸盐水泥、粉煤灰硅酸盐水泥和复合硅酸盐水泥。

专用水泥：专门用途的水泥，如G级油井水泥、道路硅酸盐水泥。

特性水泥：某种性能比较突出的水泥，如快硬硅酸盐水泥、低热矿渣硅酸盐水泥、膨胀硫铝酸盐水泥、磷铝酸盐水泥和磷酸盐水泥。

2.按其主要水硬性物质名称分类

水泥按其主要水硬性物质名称分为以下类型：

①硅酸盐水泥（国外通称为波特兰水泥）；

②铝酸盐水泥；

③硫铝酸盐水泥；

④铁铝酸盐水泥；

⑤氟铝酸盐水泥；

⑥磷酸盐水泥；

⑦以火山灰或潜在水硬性材料及其他活性材料为主要组分的水泥。

3.按主要技术特性分类

按主要技术特性，水泥可分为以下类型：

①快硬性（水硬性）水泥，可分为快硬和特快硬两类；

②水化热水泥，可分为中热水泥和低热水泥两类；

③抗硫酸盐水泥，可分为中抗硫酸盐腐蚀和高抗硫酸盐腐蚀两类；

④膨胀水泥，可分为膨胀和自应力两类；

⑤耐高温水泥，铝酸盐水泥的耐高温性以水泥中氧化铝含量分级。

（二）水泥命名的原则

以水泥的主要水硬性矿物、混合材料、用途和主要特性命名，力求简明、准确。当水泥名称过长时，允许有简称。

通用水泥以水泥的主要水硬性矿物名称冠以混合材料名称或其他适当名称命名。专用水泥以其专门用途命名，并可冠以不同型号。

特种水泥以水泥的主要水硬性矿物名称冠以水泥的主要特性命名，并可冠以不同型号或混合材料名称。

以火山灰性、潜在水硬性材料以及其他活性材料为主要组分的水泥，是以主要组成成分的名称冠以活性材料的名称进行命名的，也可再冠以特性名称，如石膏矿渣水泥、石灰火山灰水泥等。

（三）水泥的生产工艺

硅酸盐类水泥的生产工艺在水泥生产中具有代表性，是以石灰石和黏土为主要原料，经破碎、配料、磨细制成生料，然后送入水泥窑中煅烧成熟料，再将熟料加适量石膏（有时还掺加混合材料或外加剂）磨细而成。

水泥生产随生料制备方法不同，可分为干法（包括半干法）生产与湿法（包括半湿法）生产两种。

1.干法生产

干法生产，即将原料同时烘干并粉磨，或先烘干经粉磨成生料粉后送入干法窑内煅烧成熟料的生产方法。但也有将生料粉加入适量水制成生料球，然后送入立波尔窑内煅烧成熟料的方法，称为半干法，其仍属干法生产的一种。

新型干法水泥生产是指采用窑外分解新工艺生产的水泥。其生产以悬浮预热器和窑外分解技术为核心，采用新型原料、燃料均化和节能粉磨技术及装备，全线采用计算机集散控制，实现水泥生产过程自动化，具有高效、优质、低耗、环保的特点。

新型干法水泥生产技术是 20 世纪 50 年代发展起来的。日本、德国等发达国家以悬浮预热和预分解为核心的新型干法水泥熟料生产设备，使用率占 95%，中国第一套悬浮预热和预分解窑于 1976 年投产。该技术的优点是传热迅速、热效率高，单位容积较湿法水泥产量大，热耗低。

2.湿法生产

湿法生产是指将原料加水粉磨成生料浆后，送入湿法窑煅烧成熟料的生产方法。也有将湿法制备的生料浆脱水后，制成生料块入窑煅烧成料的方法，称为半湿法，仍属湿法生产的一种。

总的来说，干法生产的主要优点是热耗低（如带有预热器的干法窑熟料热耗为 3 140～3 768 J/kg），缺点是生料成分不均匀、车间扬尘大、电耗较高。湿法生产具有操作简单、生料成分容易控制、产品质量好、料浆输送方便、车间扬尘少等优点，缺点是热耗高（熟料热耗通常为 5 234～6 490 J/kg）。

（四）水泥的生产过程

水泥的生产，一般可分为生料粉磨、熟料煅烧和水泥粉磨三个工序，整个生产过程可概括为"两磨一烧"。

1.生料粉磨

生料粉磨分干法和湿法两种。干法一般采用闭路操作系统，即原料经磨机磨细后，进入选粉机分选，粗粉回流入磨再行粉磨的操作，并且多采用物料在磨机内同时烘干并粉磨的工艺，所用设备有管磨、中卸磨及辊式磨等。湿法通常采用管磨、棒球磨等一次通过磨机不再回流的开路系统，但也有采用带分级机或弧形筛的闭路系统的。

2.熟料煅烧

煅烧熟料的设备主要有立窑和回转窑两类，立窑适用于生产规模较小的工厂，大中型厂宜采用回转窑。

（1）立窑

窑筒体立置不转动的称为立窑。立窑分为普通立窑和机械化立窑两种。普通立窑是人工加料、人工卸料或机械加料、人工卸料；机械化立窑是机械加料、机械卸料。机械化立窑是连续操作的，它的产量、质量及生产率都比普通立窑高。国外大多数立窑已被回转窑取代，但在当前中国水泥工业中，立窑仍占有重要地位。根据建材技术政策要求，小型水泥厂应用机械化立窑逐步取代普通立窑。

（2）回转窑

窑筒体卧置（略带斜度，约为 3%）并能做回转运动的称为回转窑。分煅烧生料粉的干法窑和煅烧料浆（含水率通常为 35%左右）的湿法窑。

干法窑又可分为中空式窑、余热锅炉窑、悬浮预热器窑和悬浮分解炉窑几种。20 世纪 70 年代，出现了一种可大幅度提高回转窑产量的煅烧工艺——窑外分解技术。其特点是采用了预分解窑，它以悬浮预热器窑为基础，在预热器与窑之间增设了分解炉。在分解炉中加入占总燃料用量 50%～60%的燃料，使燃料燃烧过程与生料的预热和碳酸盐分解过程结合，从窑内传热效率较低的地带移到分解炉中进行，生料在悬浮状态或沸腾状态下与热气流进行热交换，从而提高传热效率，使生料在入窑前的碳酸钙分解率在80%以上，达到减轻窑的热负荷，在保持窑发热能力的情况下，大幅提高产量的目的。

用于湿法生产的水泥窑称湿法窑。湿法生产是将生料制成含水率为32%～40%的料浆。由于制备成具有流动性的泥浆，所以各原料之间混合好，生料成分均匀，烧成的熟料质量高，这是湿法生产的优点。

湿法窑可分为湿法长窑和带料浆蒸发机的湿法短窑，目前长窑使用广泛，短窑已很少使用。为了降低湿法长窑的热耗，窑内装设有各种形式的热交换器，如链条、料浆过滤预热器、金属或陶瓷热交换器等。

3.水泥粉磨

水泥熟料的细磨通常采用圈流粉磨工艺（即闭路操作系统）。为了防止生产中粉尘飞扬，水泥厂均装有收尘设备。电收尘器、袋式收尘器和旋风收尘器等是水泥厂常用的收尘设备。由于在原料预均化、生料粉的均化输送和收尘等方面采用了新技术和新设备，尤其是窑外分解技术的出现，一种干法生产新工艺也随之产生。采用这种新工艺使干法生产的熟料质量不亚于湿法生产的熟料质量，电耗也有所降低，已成为各国水泥工业发展的趋势。

以下以立窑为例来说明水泥的生产过程。

原料和燃料进厂后，由化验室采样分析检验，同时按质量进行搭配均化，存放于原料堆棚。黏土、煤、硫铁矿粉由烘干机烘干水分至工艺指标值，通过提升机提升到相应原料贮库中。石灰石、萤石、石膏经过两级破碎后，由提升机送入各自贮库。

化验室根据石灰石、黏土、无烟煤、萤石、硫铁矿粉的质量情况，计算工艺配方，通过生料微机配料系统进行全黑生料的配料，由生料磨机进行粉磨，每小时采样化验一次生料的氧化钙、三氧化二铁的百分含量并及时进行调整，使各项数据符合工艺配方的要求。磨出的黑生料经过斗式提升机提入生料库，化验室依据出磨生料的质量情况，通过多库搭配和机械倒库的方法进行生料的均化，经提升机提入两个生料均化库，生料经两个均化库进行搭配，将料提至成球盘料仓，由设在立窑面上的预加水成球控制装置进行料、水的配比，通过成球盘进行生料的成球。所成的球由立窑布料器将生料球布于窑内不同位置进行煅烧，烧出的熟料经卸料管、鳞板机送至熟料破碎机进行破碎，由化验室每小时采样一次进行熟料的化学、物理分析。

根据熟料质量情况由提升机放入相应的熟料库，同时根据生产经营要求及建材市场情况，化验室将熟料、石膏、矿渣通过熟料微机配料系统进行水泥配比，由水泥磨机进行普通硅酸盐水泥的粉磨，每小时采样一次进行分析检验。磨出的水泥经斗式提升机提入三个水泥库，化验室依据出磨水泥质量情况，通过多库搭配和机械倒库的方法进行水泥的均化。经提升机送入两个水泥均化库，再经两个水泥均化库搭配，由微机控制包装机进行水泥的包装，包装出来的袋装水泥存放于成品仓库，再经化验采样，检验合格后签发水泥出厂通知单。

水泥速凝是指水泥的一种不正常的早期固化或过早变硬现象。高温使得石膏中的结晶水脱水，变成浆状体，从而失去调节凝结时间的能力。假凝现象与很多因素有关，一般认为是由于水泥粉磨时磨内温度较高，使二水石膏脱水成半水石膏。当水泥拌水后，半水石膏迅速与水反应为二水石膏，形成针状结晶网状结构，从而引起浆体固化。另外，某些含碱较高的水泥，硫酸钾与二水石膏生成钾石膏迅速长大，也会造成假凝。假凝与快凝不同，前者放热量甚微，且经剧烈搅拌后浆体可恢复塑性并进行正常凝结，对强度无不利影响。

二、粗骨料

在混凝土中，砂、石起骨架作用，称为骨料或集料，其中，粒径大于 5 mm 的骨料称为粗骨料。普通混凝土常用的粗骨料有碎石及卵石两种。碎石是天然岩石、卵石或矿山废石经机械破碎、筛分制成的粒径大于 5 mm 的岩石颗粒。

卵石是由自然风化、水流搬运和分选、堆积而成的粒径大于 5 mm 的岩石颗粒。卵石和碎石颗粒的长度大于该颗粒所属相应粒级的平均粒径 2.4 倍者为针状颗粒，厚度小于平均粒径 0.4 倍者为片状颗粒（平均粒径指该粒级上、下限粒径的平均值）。混凝土用粗骨料的技术要求有以下几个方面。

（一）颗粒级配及最大粒径

粗骨料中公称粒级的上限称为最大粒径。当骨料粒径增大时，混凝土的水泥用量减少，故在满足技术要求的前提下，粗骨料的最大粒径应尽量选大一些。在钢筋混凝土工程中，粗骨料的粒径不得大于混凝土结构截面最小尺寸的 1/4，且不得大于钢筋最小净距的 3/4。对于混凝土实心板，其最大粒径不宜大于板厚的 1/3，且不得超过 40 mm。泵送混凝土用的碎石，不应大于输送管内径的 1/3，卵石不应大于输送管内径的 1/2.5。

（二）有害杂质

粗骨料中所含的泥块、淤泥、细屑、硫酸盐、硫化物和有机物都是有害杂质，其含量应符合国家标准《建设用卵石、碎石》（GB/T 14685—2022）的规定。另外，粗骨料中严禁混入煅烧过的白云石或石灰石块。

（三）针、片状颗粒

粗骨料中针、片状颗粒过多，会使混凝土的和易性变差，强度降低，故粗骨料的针、片状颗粒含量应控制在一定范围内。

三、细骨料

细骨料是与粗骨料相对的建筑材料，是混凝土中起骨架或填充作用的粒状松散材料，直径相对较小（粒径在 4.75 mm 以下）。相关规范对细骨料（人工砂、天然砂）的品质要求如下：第一，细骨料应质地坚硬、清洁、级配良好，人工砂的细度模数宜为 2.4～2.8，天然砂的细度模数宜为 2.2～3.0，使用山砂、粗砂时，应采取相应的试验论证；第二，细骨料在开采过程中应定期或按一定开采的数量进行碱活性检验，有潜在危害时，应采取相应措施并经专门试验论证；第三，细骨料的含水率应保持稳定，必要时应采取加速脱水措施。

（一）泥和泥块的含量

含泥量是指骨料中粒径小于 0.075 mm 的细尘屑、淤泥、黏土的含量。砂、石中的泥和泥块限制应符合《建设用砂》（GB/T 14684—2022）的要求。

（二）有害杂质

《建设用砂》（GB/T 14684—2022）和《建设用卵石、碎石》（GB/T 14685—2022）中强调不应有草根、树叶、树枝、煤块和矿渣等杂物。

细骨料的颗粒形状和表面特征会影响其与水泥的黏结以及混凝土拌和物的流动性。山砂的颗粒具有棱角，表面粗糙，含泥量和有机物杂质较多，与水泥的结合性差。河砂、湖砂因长期受到水流作用，颗粒多呈圆形，比较洁净且使用广泛，一般工程都采用这两种砂。

四、外加剂

混凝土外加剂是在搅拌混凝土过程中掺入，占水泥质量 5%以下的，能显著改善混凝土性能的化学物质。在混凝土中掺入外加剂，具有投资少、见效快、经济效益显著的特点。随着科学技术的不断进步，外加剂已越来越多地得到应用，外加剂已成为混凝土的重要组成部分。混凝土外加剂常用的是萘系高效减水剂和脂肪族高效减水剂。

（一）萘系高效减水剂

萘系高效减水剂是经化工合成的非引气型高效减水剂，化学名称为萘磺酸盐甲醛缩合物，它对于水泥粒子有很强的分散作用。对配制大流态混凝土，有早强、高强要求的现浇混凝土和预制构件，使用效果良好，可全面改善混凝土的各种性能，广泛用于公路、桥梁、大坝、港口码头、隧道、电力、水利，以及民建工程、蒸养和自然养护预制构件等。

1.技术指标

具体技术指标如下：

①外观：粉剂为棕黄色粉末，液体为棕褐色黏稠液；

②固体含量：粉剂≥94%，液体≥40%；

③净浆流动度≥230 mm；

④硫酸钠含量≤10%；

⑤氯离子含量≤0.5%。

2.性能特点

具体性能特点如下：

①在混凝土强度和坍落度基本相同时，可减少水泥用量10%～25%；

②在水灰比不变时，使混凝土初始坍落度提高 10 cm 以上，减水率可在

15%～25%；

③对混凝土有显著的早强、增强效果，其强度提高幅度为 20%～60%；

④改善混凝土的和易性，全面提高混凝土的物理力学性能；

⑤对各种水泥适应性好，与其他各类型的混凝土外加剂配伍良好；

⑥特别适合在以下混凝土工程中使用：流态混凝土、塑化混凝土、蒸养混凝土、抗渗混凝土、防水混凝土、自然养护预制构件混凝土、钢筋及预应力钢筋混凝土、高强度超高强度混凝土。

3.掺量范围

粉剂的掺量为 0.75%～1.5%，液体的掺量为 1.5%～2.5%。

4.注意事项

①采用多孔骨料时宜先加水搅拌，再加减水剂。

②当坍落度较大时，应注意振捣时间不宜过长，以防止泌水和分层。

萘系高效减水剂根据其产品中 Na_2SO_4 含量的高低，可分为高浓型产品（Na_2SO_4 含量＜3%）、中浓型产品（Na_2SO_4 含量为 3%～10%）和低浓型产品（Na_2SO_4 含量＞10%）。大多数萘系高效减水剂合成厂都具备将 Na_2SO_4 含量控制在 3%以下的能力，有些先进企业甚至可将其控制在 0.4%以下。

萘系高效减水剂是我国目前生产量最大、使用最广的高效减水剂（占减水剂用量的 70%以上），其特点是减水率较高（15%～25%），不引气，对凝结时间影响小，与水泥适应性相对较好，能与其他各种外加剂复合使用，价格也相对便宜。萘系减水剂常用于配制大流动性、高强、高性能混凝土。单纯掺加萘系减水剂的混凝土坍落度损失较快。另外，萘系减水剂与某些水泥的适应性还有待改善。

（二）脂肪族高效减水剂

脂肪族高效减水剂是丙酮磺化合成的羰基焦醛，憎水基主链为脂肪族烃类，是一种绿色高效减水剂，不污染环境，不损害人体健康，对水泥适用性广，对混凝土增强效果明显，坍落度损失小，低温无硫酸钠结晶现象，广泛用于配制泵送剂、缓凝、早强、防冻、引气等各类个性化减水剂，也可以与萘系减水剂、氨基减水剂、聚羧酸减水剂复合使用。

1.主要技术指标

主要技术指标如下：

①外观：棕红色的液体；

②固体含量＞35%；

③比重为1.15～1.2。

2.性能特点

①减水率高。掺量在1%～2%的情况下，减水率在15%～25%。在同等强度的坍落度条件下，掺脂肪族高效减水剂可节约25%～30%的水泥用量。

②早强、增强效果明显。混凝土掺入脂肪族高效减水剂，3 d可达到设计强度的60%～70%，7 d可达到设计强度的100%，28 d比空白混凝土强度提高30%～40%。

③高保塑。混凝土坍落度经时损失小，60 min基本不损失，90 min损失10%～20%。

④对水泥适用性广泛，和易性、黏聚性好，与其他各类外加剂配伍良好。

⑤能显著提高混凝土的抗冻融、抗渗、抗硫酸盐侵蚀性能，并全面提高混凝土的其他物理性能。

⑥特别适用于以下混凝土：流态塑化混凝土，自然养护、蒸养混凝土，抗渗防水混凝土，抗冻融混凝土，抗硫酸盐侵蚀海工混凝土，以及钢筋、预应力混凝土。

⑦脂肪族高效减水剂无毒，不燃，不腐蚀钢筋，冬季无硫酸钠结晶。

3.使用方法

①通过试验找出最佳掺量，推荐掺量为1.5%～2%。

②脂肪族高效减水剂与拌和水一并加入混凝土中，也可以采取后加法，加

入脂肪族高效减水剂混凝土要延长搅拌 30 s。

③由于脂肪族高效减水剂的减水率较大，因此混凝土初凝以前，表面会泌出一层黄浆，这属于正常现象。打完混凝土收浆抹光，颜色则会消除，或在混凝土上强度以后，颜色会自然消除，浇水养护颜色会消除得快一些，不影响混凝土的内在和表面性能。

第三节　混凝土的拌和与浇筑

一、混凝土原料的质量控制要点

在施工过程中，认真做好混凝土工程的详细施工记录和报表，并将其作为施工作业实际与监理工作队伍连接的主要依据。混凝土原料质量检查内容包括以下几方面：

①每一构件或块体逐月的混凝土浇筑数量、累计浇筑数量；

②各种原材料的品种和质量检验成果；

③浇筑计划中各构件和块体实施浇筑起、迄时间；

④混凝土保温、养护和表面保护的作业记录；

⑤不同部位的混凝土等级和配合比；

⑥浇筑时的气温、混凝土的浇筑温度；

⑦模板作业记录和各种部件拆模日期；

⑧钢筋作业记录和各构件及块体实际钢筋用量。

二、混凝土原料的拌和工作要点

混凝土原料拌和过程中，需要重点关注以下两个方面的问题：

第一，混凝土均采用人工拌和，其拌和质量应满足规范要求。

第二，因混凝土拌和及配料不当或拌和时间控制不当的混凝土弃置在指定的位置。防止因拌和质量不良的混凝土进入施工现场而对混凝土工程施工整体质量产生不良影响。

三、混凝土原料的运输入仓工作要点

混凝土原料拌和完成后，需要迅速运达浇筑地点，以避免运输过程中产生分离、漏浆和严重泌水现象。在运输至施工现场后，为防止混凝土产生离析等质量方面的问题，其垂直落差需要控制在一定范围内；否则，需要采用溜筒入仓，以保障混凝土工程的整体质量。

四、混凝土原料的浇筑工作要点

浇筑环节是确保混凝土工程施工整体质量的核心环节。在浇筑过程中，所采取的施工技术方法包括以下几个方面：

第一，在基岩面浇筑仓施工过程中，浇筑第一层混凝土前应先用水冲洗模板，使模板保持湿润状态，铺一层 2～3 cm 厚的水泥砂浆，砂浆铺设面积应与混凝土的浇筑强度相适应，铺设的水泥砂浆要保证混凝土与基岩结合良好。

第二，在分层浇筑过程中，混凝土浇筑需要人工用插钎进行插捣，其他用 50 型插入式振动棒振捣。

第三，混凝土浇筑时尽可能连续，浇筑混凝土的允许间歇时间应按试验确定，若超过允许间歇时间，则按工作缝处理。

第四，混凝土浇筑的厚度需要根据搅拌和运输的浇筑能力、振捣强度及气温等因素来确定。一般情况下，混凝土的浇筑层厚度要严格控制在 30 cm 以内。

第四节　混凝土的养护

混凝土养护是实现混凝土设计性能的重要基础，为确保这一目标的实现，混凝土养护宜根据现场条件、环境的温度与湿度、结构部位、构件或制品情况、原材料情况以及对混凝土性能的要求等，结合热工计算的结果，选择合理的养护方法，满足混凝土的温控与湿控要求。

混凝土是水利工程中常用的建筑材料，也是影响工程质量与结构安全的关键因素之一，但水工混凝土经常受环境水作用，除具有体积大、强度高等特点外，在设计与施工中，还要根据工程部位、技术要求和环境条件，优先选用中热硅酸盐水泥，在满足水工建筑物的稳定、承压、耐磨、抗渗、抗冲、抗冻、抗裂、抗侵蚀等特殊要求的同时，降低混凝土发热量，减少温度裂缝。鉴于水利水电工程施工及水工建筑物的上述特点，需根据水利工程的技术规范，采取专门的施工方法和措施，确保工程质量。混凝土浇筑成型后的养护对混凝土的性能有重要影响。

一、自然养护

自然养护，即传统的洒水养护，主要有喷雾养护和表面流水养护两种方法。二滩水电站工程经验证明，混凝土流水养护，不但能降低混凝土表面温度，还能防止混凝土干裂。水利工程通常地处偏僻，供水、取水不便，成本也较高。水工建筑物一般具有壁薄、大体积、外形坡面与直立面多、表面积大、水分极易蒸发等特点，喷雾养护和表面流水养护在实际应用中很难保证养护期内始终使混凝土表面保持湿润状态，难以达到养护要求。

喷雾养护一般适用于用水方便的地区及便于洒水养护的部位，如闸室底板等。喷雾养护时，应使水呈雾状，不可形成水流，亦不得直接以水雾加压于混凝土表面。流水养护时，要注意水的流速不可过大，混凝土面不得形成水流或冲刷现象，以免造成剥损。

水工混凝土主要采用塑性混凝土和低塑性混凝土施工。塑性混凝土水泥用量较少，掺有较多的膨润土、黏土等材料，坍落度为5～9 cm，施工中一般是在塑性混凝土浇筑完毕6～18 h内即开始洒水养护。低塑性混凝土坍落度为1～4 cm，较塑性混凝土的养护有一定的区别，为防止干缩裂缝的产生，其养护是混凝土浇筑的紧后工作，即在浇筑完毕后立即喷雾养护并及早开始洒水养护。

对大体积混凝土而言，要控制混凝土内部和表面及表面与外界的温差，即使混凝土内外保持合适的温度梯度，24 h不间断养护至关重要，在实际施工中很难满足洒水养护的次数，易造成夜间养护中断。根据以往的施工经验，在大体积混凝土养护过程中，采用强制或不均匀的冷却降温措施不仅成本相对较高，而且容易因管理不善而使大体积混凝土产生贯穿性裂缝。当施工条件允许时，对如底板类的大体积混凝土也可选择蓄水养护。

二、覆盖养护

覆盖养护是混凝土常用的保湿、保温养护方法，一般用塑料薄膜、麻袋、草袋等材料覆盖混凝土表面养护。但在风较大时覆盖材料不易固定，覆盖过程中也存在易破损和接缝不严密等问题，不适用于外形坡面、直立面、弧形结构。

覆盖养护有时需和其他养护方法结合使用，如对风沙大、不宜搭设暖棚的仓面，可采用覆盖保温被下面布设暖气排管的办法。覆盖养护时，应用完好无破损的覆盖材料完全盖住混凝土表面并固定妥当，保证覆盖材料如塑料薄膜内有凝结水。

在保温方面，覆盖养护的效果也较明显，当气温骤降时，未进行保温的表面最大降温量与气温骤降的幅度之比为 88%，一层草袋保温后为 60%，两层草袋保温为 45%，可见对结构进行适当的表面覆盖保温，减少混凝土与外界的热交换，对混凝土结构温控防裂是必要的。但对模板外和混凝土表面覆盖的保温层，不应采用潮湿状态的材料，也不应将保温材料直接铺盖在潮湿的混凝土表面，新浇混凝土表面应铺一层塑料薄膜，对混凝土结构的边及棱角部位的保温厚度应增加到面部位的 2～3 倍。

选择覆盖材料时，不可使用包装过糖、盐或肥料的麻布袋。对有可溶性物质的麻布袋，应彻底清洗干净后方可作为养护用覆盖材料。

三、蓄热法与综合蓄热法养护

蓄热法是一种当混凝土浇筑后，利用原材料加热及水泥水化热的热量，通过适当的保温措施延缓混凝土冷却，使混凝土在冷却到 0 ℃以前达到预期要求强度的施工方法。当室外最低温度不低于 - 15 ℃时，地面以下的工程或表面系数 $M < 5$ 的结构，应优先采用蓄热法养护。蓄热法具有方法简单、不需要

混凝土加热设备、节省能源、混凝土耐久性较高、质量好、费用较低等优点，但强度增长较慢，施工时要有一套严密的措施和制度。

当采用蓄热法不能满足要求时，应选用综合蓄热法养护。综合蓄热法是在蓄热法的基础上利用高效能的保温围护结构，使混凝土加热拌制所获得的初始热量缓慢散失，并充分利用水泥水化热和掺用相应的外加剂（或进行短时加热）等综合措施，使混凝土温度在降至冰点前达到允许受冻临界强度或者承受荷载所需的强度。综合蓄热法分高、低蓄热法两种养护方式，高蓄热养护过程主要以短时加热为主，使混凝土在养护期间达到受荷强度；低蓄热养护过程则主要以使用早强水泥或掺用防冻外加剂等冷却法为主，使混凝土在一定的负温条件下不被冻坏，仍可继续硬化。

与其他养护方法不同的是，蓄热法养护与混凝土的浇筑、振捣是同时进行的，即随浇筑、随捣固、随覆盖，防止表面水分蒸发，减少热量失散。采用蓄热法养护时，应用不易吸潮的保温材料紧密覆盖模板或混凝土表面，迎风面宜增设挡风保温设施，形成不透风的围护层，细薄结构的棱角部分应加强保温，结构上的孔洞应暂时封堵。当蓄热法不能满足强度增长的要求时，可选用蒸气加热、电流加热或暖棚保温等方法。

四、搭棚养护

搭棚养护分为防风棚养护和暖棚法养护两种。混凝土在终凝前或刚刚终凝时几乎没有强度或强度很小，如果受高温或较大风力的影响，混凝土表面失水过快，易造成毛细管中产生较大的负压而使混凝土体积急剧收缩，而此时混凝土的强度又无法抵抗其本身收缩，因此产生龟裂。风速对混凝土的水分蒸发会产生直接影响，不可忽视。在风沙较大的地区，当覆盖材料不易固定或不适合覆盖养护的部位，宜搭防风棚养护；当阳光强烈、温度较高时，还要采取隔热、遮阳等措施。

日平均气温在 - 15 ℃～ - 10 ℃时，除可采用综合蓄热法外，还可采用暖棚法。暖棚法养护是一种将被养护的混凝土构件或结构置于搭设的棚中，棚内部设置散热器、排管、电热器或火炉等，加热棚内空气，使混凝土处于正温环境养护并保持混凝土表面湿润的方法。暖棚最内层为阻燃草帘，中间为篷布，最外层为彩条布，主要作用是防风、防雨，各层保温材料之间的连接采用 8#铅丝绑扎。搭设前要了解历年气候条件，进行抗风荷载计算；搭设时应注意在混凝土结构物与暖棚之间要留有足够的空间，以使暖空气流通；为降低搭设成本和节能，应注意减小暖棚体积，同时应围护严密、不透风。采用火炉作热源时，要特别注意安全防火，将烟或燃烧气体排到棚外。

暖棚法养护的基础是温度观测，对暖棚内的温度，已浇筑混凝土内部温度、外部温度，测温次数的频率，测温方法都有严格的规定。暖棚内的测温频率为每 4 h 一次，测温时以距混凝土表面 50 cm 处的温度为准，取四边角和中心温度的平均数为暖棚内的气温值；已浇筑混凝土块体内部温度用电阻式温度计等仪器观测或埋设孔深大于 15 cm，孔内灌满液体介质的测温孔，用温度传感器或玻璃温度计测量。大体积混凝土应在浇筑后 3 d 内加密观测温度变化，测温频率为内部混凝土 8 h 观测 1 次，3 d 后宜 12 h 观测 1 次。外部混凝土每天应观测最高、最低温度，测温频率同内部混凝土。气温骤降和寒潮期间，应增加温度观测次数。

值得注意的是，混凝土的养护并不仅仅局限于混凝土成型后的养护。低温环境下，混凝土浇筑后最容易受冻的部位主要是浇筑块顶面、四周、棱角和新混凝土与基岩或旧混凝土的结合处，即使受冻后做正常养护，其抗压强度仍比未受冻的正常温度下养护 28～60 d 的混凝土强度低 45%～60%，即使是轻微受冻抗剪强度也会降低 40%左右。因此，浇筑大面积混凝土时，在覆盖上层混凝土前就应对底层混凝土进行保温养护，保证底层混凝土的温度不低于 3 ℃。混凝土浇筑完毕后，外露表面应及时保温，尤其是新老混凝土接合处和边角处应做好保温措施，保温层厚度应是其他保温层厚度的 2 倍，保温层搭接长度不应小于 30 cm。

五、养护剂养护

养护剂养护就是将水泥混凝土养护剂喷洒或涂刷于混凝土表面，在混凝土表面形成一层连续的不透水的密闭养护薄膜的乳液或高分子溶液。当这种乳液或高分子溶液挥发时，迅速在混凝土体的表面结成一层不透水膜，将混凝土中大部分水化热及蒸发水积蓄下来进行自养。由于膜的有效期比较长，所以可使混凝土得到良好的养护。喷刷作业时，应注意混凝土须无表面水，即在用手指轻擦过表面无水迹时方可喷刷养护剂。使用模板的部位在拆模后立即实施喷刷养护作业，喷刷过早会腐蚀混凝土表面，喷刷过迟则混凝土水分蒸发，影响养护效果。养护剂的选择、使用方法和涂刷时间应按产品说明并通过试验确定，混凝土表面不得使用有色养护剂。养护剂养护比较适用于难以用洒水养护及覆盖养护的部位，如高空建筑物、闸室顶部及干旱缺水地区的混凝土结构，但养护剂养护对施工要求较高，应避免出现漏刷、漏喷及不均匀涂刷现象。

第五节 大体积混凝土的施工

一、大体积混凝土的定义

大体积混凝土指的是最小断面尺寸大于 1 m 的混凝土结构，其尺寸已经大到必须采用相应的技术措施妥善处理温度差值，合理解决温度应力并控制裂缝发展的混凝土结构。

大体积混凝土的特点是结构厚实，混凝土量大，工程条件复杂（一般是地下现浇钢筋混凝土结构），施工技术要求高，水泥水化热较大（预计超过 25 ℃），易使结构物产生温度变形。大体积混凝土除对最小断面和内外温度有一定的规定外，对平面尺寸也有一定限制。

二、具体的施工方式

（一）选择合适的混凝土配合比

某工程由于施工时间紧，材料消耗大，混凝土一次连续浇筑施工的工作量也比较大，所以选择以商品混凝土为主，其配合比以混凝土公司实验室经过试验后得到的数据为主。混凝土坍落度为 130～150 mm，泵送混凝土水灰比应控制在 0.3～0.5，砂率最好控制在 5%～40%，最小水泥用量超过 300 kg/m³ 才能满足需要。水泥选择质量合格的矿渣硅酸盐水泥，需提前一周将水泥入库储存，为避免水泥受潮，需要采取相应的预防措施。将碎卵石作为粗骨料，最大粒径为 24 mm，含泥量在 1%以下，不存在泥团，密度大于 2.55 t/m³，超径料含量低于 5%。选择河砂作为细骨料，通过 0.303 mm 筛孔的砂大于 15%，含泥量低于 3%，不存在泥团，密度大于 2.50 t/m³。膨胀剂掺入量是水泥用量的 3.5%。从试验结果可知，这种混凝土配合比能降低混凝土的用水量、水灰比，使混凝土的使用性能大大提高。选择 Ⅱ 级粉煤灰作为混合料，细度为 7.7%～8.2%，烧失量为 4%～4.5%，SO_2 含量≤1.3%，由于矿渣水泥保水性差，因而可以用粉煤灰取代 15%的水泥用量。

（二）相关方面的情况

①检查搅拌站的情况，主要涉及每小时混凝土的输出量，汽车数量等能否满足施工需要，根据需要制定相关的供货合同。通过对三家混凝土搅拌站情况

进行对比研究，得出了混凝土能够满足底板混凝土的浇筑要求。以混凝土施工的工程量为标准，此次使用了 5 台 HBT-80 混凝土泵实施混凝土浇筑。

②考虑到底板混凝土是抗渗混凝土，所以将 UEA 膨胀剂作为外加剂。

③为满足外墙防水需要，外墙根据设计图设置水平施工缝。吊模部分在底板浇筑振捣密实后的一段时间进行浇筑，以 Φ16 钢筋实施振捣，使 300 mm 高吊模处的混凝土达到稳定状态为止，外墙垂直施工缝需要设置相应的止水钢板。每段混凝土的浇筑必须持续进行并结合振捣棒的有效振动确定具体的浇筑施工方式。

④浇筑底板上反梁及柱帽时选择吊模，完成底板浇筑后 2 h 进行浇筑，此标准范围内的混凝土采用 Φ16 钢筋进行人工振捣。

⑤为防止浇筑时泵管出现较大的振动而扰动钢筋，应该把泵管设置在钢管搭设的架子上，架子支腿处满铺跳板。

⑥施工前做好准备，主要包括设施准备、场地检查、检测工具等，并为夜间照明准备相关的器具。

三、各个施工环节要注意的问题

（一）混凝土的浇筑

在浇筑底板混凝土时，需要按照标准的浇筑顺序进行。施工缝的设置需要固定于浇带上，且保持外墙吊模部分比底板面高出 320 mm，在此处设置水平缝，底板梁吊模比底板面高出 400～700 mm，这一处需要在底板浇筑振捣密实后再完成浇筑。采用 Φ16 钢筋实施人工振捣，确保吊模处混凝土振捣密实。在浇筑过程中需要结合振捣棒的实际振动长度分排完成浇筑工作，避免形成施工冷缝。

膨胀加强带的浇筑，根据标准顺序浇筑到膨胀带位置后需要运用 C35 内掺

27 kg/m³PNF 的膨胀混凝土实施浇筑。膨胀带主要以密目钢丝网隔离为主，钢丝网加固竖向选择 Φ20 钢筋，钢筋间距为 600 mm，厚度大于 1 000 mm，将一道 Φ22 腰筋增设于竖向筋中部。

（二）混凝土的振捣

施工过程中的振捣通过机械完成，考虑到泵送混凝土有着坍落度大、流动性强等特点，因为使用斜面分两层布料施工法进行浇筑，所以振捣时必须保证混凝土表面形成浮浆且无气泡或下沉才能停止。施工时要把握实际情况，禁止漏振、过振，摊灰与振捣需要从合适的位置进行，以避免钢筋及预埋件发生移动。由于基梁的交叉部位钢筋相对集中，振捣过程要留心观察，在交叉部位面积小的地方从附近插振捣棒。对于交叉部位面积大的地方，需要在钢筋绑扎过程中设置 520 mm 的间隔且保留插棒孔。振捣时必须严格按照操作标准执行，浇筑至上表面时根据标高线用木杠找平，以保证平整度达到标准。

（三）底板后浇带

选择密目钢丝网隔开，钢丝网加固竖向应采用 Φ20 钢筋，钢筋间距应为 600 mm，底板厚度控制在 900 mm 以上，在竖向筋中部设置一道 Φ22 腰筋。施工结束后将其清扫干净并做好维护工作。膨胀带两侧与内部浇筑需要同时进行，内外高差要低于 350 mm。

（四）混凝土的找平

底板混凝土找平时需要把表层浮浆汇集在一起，人工方式清除后实施首次找平，将平整度控制在标准范围内。混凝土初凝后终凝前实施第二次找平，主要是为了将混凝土表面微小的收缩缝除去。

（五）测温点的布置

承台混凝土浇筑量体积较大，其地下室混凝土浇筑时间多在冬季，需要采用电子测温仪根据施工要求对其测温。混凝土初凝后 3 d，持续每 2 h 测温 1 次，将具体的温度测量数据记录好；测温终止时间为混凝土与环境温度差在 15 ℃内，对数据进行分析后再制订相应的施工方案以实现温差的有效控制。

第四章　水闸工程施工技术

第一节　水闸的基本知识

一、水闸的概念

水闸是一种利用闸门挡水和泄水的低水头水工建筑物，多建于河道、渠系及水库、湖泊岸边。关闭闸门，可以拦洪、挡潮、抬高水位以满足上游引水和通航的需要；开启闸门，可以泄洪、排涝、冲沙或根据下游用水需要调节流量。

二、水闸的类型与组成

（一）水闸的类型

1.按其承担任务分

水闸按其所承担的任务可分为六种。

（1）节制闸

在渠道上建造节制闸，枯水期用以抬高水位以满足上游引水或航运的需要；洪水期可控制下泄流量，保证下游河道安全或根据下游用水需要调节放水流量。位于河道上的节制闸也称为拦河闸。

（2）进水闸

进水闸建在河道、水库或湖泊的岸边，用来控制引水流量，以满足灌溉、发电或供水的需要。进水闸，又称取水闸或渠首闸。

（3）分洪闸

分洪闸常建于河道的一侧，用来将超过下游河道安全泄量的洪水泄入分洪区（蓄洪区或滞洪区）或分洪道。

（4）排水闸

排水闸常建于江河沿岸排水渠道末端，用来排除河道两岸低洼地区的涝渍水。当河道内水位上涨时，为防止河水倒灌，需要关闭排水闸闸门。

（5）挡潮闸

挡潮闸建在入海河口附近，涨潮时关闸，防止海水倒灌，退潮时开闸泄水，具有双向挡水的特点。

（6）冲沙闸（排沙闸）

冲沙闸（排沙闸）建在多泥沙的河流上，用于排除进水闸、节制闸前或渠系中沉积的泥沙，减少引水水流的含沙量，防止渠道和闸前河道淤积。冲沙闸常建在进水闸一侧的河道上，与节制闸并排布置或设在引水渠内的进水闸旁。

2.按闸室结构分

水闸按闸室结构可分为开敞式、胸墙式及涵洞式等。有泄洪、排冰要求的水闸，如节制闸、分洪闸大都采用开敞式；胸墙式一般用于上游水位变幅较大，在高水位时尚需用闸门控制流量的水闸，如进水闸、排水闸、挡潮闸；涵洞式水闸多用于穿堤取水或排水。

（二）水闸的组成

水闸一般由上游连接段、闸室段及下游连接段三部分组成。

1.上游连接段

上游连接段的作用是引导水流平顺、均匀地进入闸室，避免对闸前河床及两岸产生有害冲刷，减少闸基或两岸渗流对水闸的不利影响。上游连接段一般由铺盖、上游翼墙、上游护底、防冲槽或防冲齿墙及两岸护坡等部分组成。铺盖紧靠闸室底板，主要起防渗、防冲作用；上游翼墙的作用是引导水流平顺地进入闸孔及侧向防渗、防冲和挡土；上游护底、防冲槽及两岸护坡是用来防止进闸水流冲刷河床、破坏铺盖，保护两侧岸坡的。

2.闸室段

闸室段是水闸的主体部分，起挡水和调节水流作用，包括底板、闸墩、闸门、胸墙、工作桥和交通桥等。底板是水闸闸室基础，承受闸室全部荷载并较均匀地传给地基，兼起防渗和防冲作用，同时闸室的稳定主要由底板与地基间的摩擦力来维持；闸墩的主要作用是分隔闸孔，支撑闸门，承受和传递上部结构荷载；闸门则用于控制水位和调节流量；工作桥和交通桥用于安装启闭设备、操作闸门和联系两岸交通。

3.下游连接段

下游连接段的作用是消能、防冲及安全排出流经闸基和两岸的渗流。下游连接段一般包括消力池、海漫、下游防冲槽、下游翼墙及两岸护坡等。消力池主要用来消能，兼有防冲作用；海漫的作用是继续消除水流余能，扩散水流，调整流速分布，防止河床产生冲刷破坏；下游防冲槽是用来防止下游河床冲坑继续向上游发展的防冲加固措施；下游翼墙则是用来引导过闸水流均匀扩散，保护两岸免受冲刷；两岸护坡是用来保护岸坡，防止水流冲刷。

第二节　水闸设计

一、设计标准

水闸管护范围为水闸工程各组成部分和下游防冲槽以下 100 m 的渠道及渠堤坡脚外 25 m。若现状管理范围大于以上范围，则维持现状不变。水闸建设与加固应为管理单位创造必要的生活、工作条件，主要包括管理场所的生产、生活设施和庭院建设，标准如下。

办公用房按定员编制人数，人均建筑面积 9～12 m²；办公辅助用房（调度、计算、通信、资料室等）按使用功能和管理操作要求确定建筑面积；生产和辅助生产的车间、仓库、车库等应根据生产能力、仓储规模和防汛任务等确定建筑面积。

职工宿舍、文化福利设施（包括食堂、文化室等）按定员编制人数人均 35～37 m² 确定。管理单位庭院的围墙、院内道路、照明、绿化等，应根据规划建筑布局，确定其场地面积；生产、生活区的人均绿化面积不少于 5 m²，人均公共绿化面积不少于 10 m²。

应在城镇建立后方基地的闸管单位，前、后方建房面积应统筹安排，可适当增加建筑面积和占地面积。对靠近城郊和游览区的水闸管理单位，应结合当地旅游生态环境建设特点进行绿化。堤防、水闸、河道整治工程的各种碑、牌、桩及其规格、选材、字体、颜色等按照相关规定确定。

二、闸址选择

根据水闸的功能、特点和运用要求，综合考虑地形、地质、水流、潮汐、泥沙、冻土、冰情、施工、管理、周围环境等因素选定闸址。

闸址应选择在地形开阔、岸坡稳定、岩土坚实和地下水水位较低的地点。闸址应优先选用地质条件良好的天然地基，避免采用人工处理地基。

节制闸或泄洪闸闸址宜选择在河道顺直、河势相对稳定的河段，经技术经济比较后也可选择在弯曲河段裁弯取直的新开河道上。

进水闸、分水闸或分洪闸闸址宜选择在河岸基本稳定的顺直河段或弯道凹岸顶点稍偏下游处，但分洪闸闸址不宜选择在险工堤段和被保护重要城镇的下游堤段。

排水闸（排涝闸）或泄水闸（退水闸）闸址宜选择在地势低洼、出水通畅处。挡潮闸闸址宜选择在岸线和岸坡稳定的潮汐河口附近，且闸址泓滩冲淤变化较小，上游河道有足够的蓄水容积的地点。

若在多支流汇合口下游河道上建闸，选定的闸址与汇合口之间宜有一定的距离。若在平原河网地区交叉河口附近建闸，选定的闸址宜在距离交叉河口较远处。

选择闸址应考虑材料来源、对外交通、施工导流、场地布置、基坑排水、施工水电供应等条件。选择闸址应考虑水闸建成后工程管理维修和防汛抢险等条件。选择闸址还应考虑下列要求：

①占用农地及拆迁房屋少；

②尽量利用周围已有公路、航运、动力、通信等公用设施；

③有利于绿化、净化、美化环境和生态环境保护；

④有利于开展综合经营。

三、总体布置

（一）枢纽布置

水闸枢纽布置应根据闸址地形、地质、水流等条件，以及该枢纽中各建筑物的功能、特点、运用要求等，合理安排好水闸与枢纽其他建筑物的相对位置，做到紧凑合理、协调美观，组成整体效益最大的有机联合体，以充分发挥水闸枢纽工程的作用。

节制闸或泄洪闸的轴线宜与河道中心线正交。一般要求节制闸或泄洪闸上、下游河道直线段长度不宜小于 5 倍水闸进口处水面宽度。位于弯曲河段的泄洪闸，宜将其布置在河道深泓部位，以保证其通畅泄洪。

进水闸或分水闸的中心线与河道中心线的交角不宜超过 30°，其上游引河长度不宜过长；排水闸或泄水闸的中心线与河道中心线的交角不宜超过 60°，其下游引河宜短而直，下游引河轴线方向宜避开建闸地区的常年大风向。

水流流态复杂的大型水闸枢纽布置，应经水工模型试验验证。模型试验范围应包括水闸上、下游可能产生冲淤的河段。

（二）闸室布置

水闸闸室布置，应根据水闸挡水、泄水条件和运行要求，综合考虑地形、地质等因素，做到结构安全可靠，布置紧凑合理，施工方便，运用灵活，经济美观。

1.闸室结构

闸室结构可根据泄流特点和运行要求，选用开敞式、胸墙式、涵洞式或双层式等结构形式。整个闸室结构的重心应尽可能与闸室底板中心相连接，且位于偏高水位一侧。

2.闸顶高程

水闸闸顶高程应根据挡水和泄水两种运用情况确定。挡水时，闸顶高程不应低于水闸正常蓄水位（或最高挡水位）加波浪计算高度与相应安全超高值之和；泄水时，闸顶高程不应低于设计洪水位（或校核洪水位）与相应安全超高值之和。位于防洪（挡潮）堤上的水闸，其闸顶高程不得低于防洪（挡潮）堤堤顶高程。闸顶高程的确定，还应考虑下列因素：

①软弱地基上闸基沉降的影响；

②多泥沙河流上、下游河道变化引起水位升高或降低的影响；

③防洪（挡潮）堤上水闸两侧堤顶可能加高的影响等。

（三）防渗排水布置

关闸蓄水时，上、下游水位差对闸室产生水平推力，且在闸基和两岸产生渗流。渗流既对闸基底和边墙产生渗透压力，不利于闸室和边墙的稳定性，又可能引起闸基和岸坡土体的渗透变形，直接危及水闸的安全，故须进行防渗排水设计。水闸防渗排水布置应根据闸基地质条件和水闸上、下游水位差等因素，结合闸室、消能防冲和两岸连接布置进行综合分析确定。

（四）消能防冲布置

开闸泄洪时，出闸水流具有很大的动能，需要采取有效的消能防冲措施，削减对下游河床的有害冲刷，保证水闸的安全。如果上游流速过大，亦可导致河床与水闸连接处的冲刷，上游亦应设计防护措施。水闸消能防冲布置应根据闸基地质情况、水力条件以及闸门控制运用方式等因素综合确定。

水闸闸下宜采用底流式消能，其消能设施的布置形式应经技术经济比较后确定；水闸上、下游护坡和上游护底工程布置应根据水流流态、河床土质抗冲能力等因素确定；护坡长度应大于护底（海漫）长度；护坡、护底下面均应设垫层；必要时，上游护底首端宜增设防冲槽（防冲墙）。

（五）两岸连接布置

水闸两岸连接应保证岸坡稳定，改善水闸进、出水流的条件，提高泄流能力和消能防冲效果，满足侧向防渗需要，减轻闸室底板边荷载影响且有利于环境绿化等。两岸连接布置应与闸室布置相适应。

水闸两岸连接宜采用直墙式结构；当水闸上、下游水位差不大时，也可采用斜坡式结构。在坚实的地基上，岸墙和翼墙可采用重力式或扶壁式结构；在松软的地基上，岸墙和翼墙宜采用空箱式结构。

当闸室两侧需要设置岸墙时，若闸室在闸墩中间设缝分段，岸墙宜与边闸墩分开；若闸室在闸底板上设缝分段，岸墙可兼作边闸墩并可做成空箱式。对于闸孔孔数较少，不设永久缝的非开敞式闸室结构，也可以边闸墩代替岸墙。

水闸的过闸单宽流量应根据下游河床地质条件，上、下游水位差，下游尾水深度，闸室总宽度与河道宽度的比值，闸的构造特点和下游消能防冲设施等因素确定。水闸的过闸水位差应根据上游淹没影响，允许的过闸单宽流量和水闸工程造价等因素综合比较确定。

四、观测设计

水闸的观测设计应包括以下内容：
①设置观测项目；
②布置观测设施；
③拟定观测方法；
④提出整理分析观测资料的技术要求。

水闸应根据其工程规模、等级、地基条件、工程施工和运用条件等因素设置一般性观测项目，并根据需要有针对性地设置专门性观测项目。

水闸的一般性观测项目应包括：水位、流量、沉降、水平位移、扬压力、闸下流态、冲刷、淤积等。

水闸的专门性观测项目主要有永久缝、结构应力、地基反力、墙后土压力、冰凌等。

当发现水闸产生裂缝后，应及时检查。对沿海地区或附近有污染源的水闸，还应经常检查混凝土碳化和钢结构锈蚀情况。

水闸观测设施的布置应符合下列要求：

①全面反映水闸工程的工作状况；

②观测方便、直观；

③有良好的交通和照明条件；

④有必要的保护设施。

水闸的上、下游水位可通过设自动水位计或水位标尺进行观测。测点应设在水闸上、下游水流平顺，水面平稳，受风浪和泄流影响较小处。

水闸的过闸流量可通过水位观测，根据闸址处定期的水位—流量关系曲线推求。对于大型水闸，必要时可在适当地点设置测流断面进行观测。

水闸的沉降可通过埋设沉降标点进行观测。测点可布置在闸墩、岸墙、翼墙顶部的端点和中点。工程施工期可先埋设在底板面层，在工程竣工后，放水前再引接到上述结构的顶部。

第一次的沉降观测应在标点埋设后及时进行，然后根据施工期不同荷载阶段按时观测。在工程竣工放水前、后应立即对沉降分别观测一次，以后再根据工程运用情况定期观测，直至沉降稳定时为止。

水闸的水平位移可通过沉降标点进行观测。水平位移测点宜设在已设置的视准线上，且宜与沉降测点共用同一标点。水平位移应在工程竣工前、后立即分别观测一次，以后再根据工程运行情况不定期进行观测。

水闸闸底的扬压力可通过埋设测压管或渗压计进行观测。对于水位变化频繁或透水性甚小的黏土地基上的水闸，其闸底扬压力观测应尽量采用渗压计。

测点的数量及位置应根据闸的结构、闸基轮廓线形状和地质条件等因素确定，并以能测出闸底扬压力的分布及其变化为原则。测点可布置在地下轮廓线有代表性的转折处。测压断面不应少于 2 个，每个断面上的测点不应少于 3 个。对于侧向绕流的观测，可在岸墙和翼墙填土侧布置测点。扬压力观测的时间和次数应根据闸的上、下游水位变化情况确定。

水闸闸下流态及冲刷、淤积情况可通过在闸的上、下游设置固定断面进行观测。有条件时，应定期进行水下地形测量。水闸的专门性观测的测点布置及观测要求应根据工程具体情况确定。在水闸运行期间，如发现异常情况，应有针对性地对某些观测项目加强观测。对于重要的大型水闸，可采用自动化观测手段。水闸的观测设计应对观测资料的整理分析提出技术要求。

第三节　闸室施工

一、底板施工

水闸底板有平底板与反拱底板两种。目前，平底板较为常用。

（一）平底板施工

闸室地基处理工作完成后，对软基应立即按设计要求浇筑 8~10 cm 的素混凝土垫层，以保护地基。在垫层达到一定强度后，进行扎筋、立模和清仓工作。

在底板施工中，混凝土入仓方式有很多。例如，可以用汽车进行水平运输、用起重机进行垂直运输入仓和泵送混凝土入仓。采用这两种方法，需要起重机械、混凝土泵等大型机械，但无须在仓面搭设脚手架。在中小型工程中，采用架子车、手推车或机动翻斗车等小型运输工具直接入仓时，需要在仓面搭设脚手架。

底板的上、下游一般设有齿墙。在浇筑混凝土时，可组成两个作业组分层浇筑。先由两个作业组共同浇筑下游齿墙，待齿墙浇平后，第一组由下游向上游进行，抽出第二组去浇上游齿墙。当第一组浇到底板中部时，第二组的上游齿墙已基本浇平，这时可将第二组转到下游浇筑第二坯。当第二坯浇到底板中部时，第一组已达到上游底板边缘，这时可让第一组再转回浇第三坯。如此连续进行，可缩短每坯间隔时间，这样可以避免冷缝现象的发生，提高工程质量，加快施工进度。

（二）反拱底板施工

1.施工程序

由于反拱底板对地基的不均匀沉陷反应敏感，因此必须注意施工程序，目前采用的施工程序有以下两种。

一是先浇闸墩及岸墙，后浇反拱底板。这样，闸墩岸墙在自重下沉降基本稳定后，再浇反拱底板，从而使底板的受力状态得到改善。

二是反拱底板与闸墩、岸墙底板同时浇筑。此法适用于地基较好的水闸，对于反拱底板的受力状态较为不利，但保证了建筑的整体性，同时减少了施工工序，加快了进度。对于缺少有效排水措施的砂性土地基，采用这种方法较为有利。

2.施工要点

第一，反拱底板一般采用土模，所以必须先做好基坑排水工作，降低地下水位，使基土干燥。对于砂土地基来说，排水尤为重要。

第二，在挖模前，必须将基土夯实，然后按设计圆弧曲线放样挖模，并严格控制曲线的准确性。土模挖出后，可在其上铺垫一层砂浆，约 10 mm 厚，待其具有一定强度后加盖保护，以待浇筑混凝土。

第三，当采用第一种施工程序时，在浇筑岸墩墙底板时，应将接缝钢筋一头埋在岸墩墙底板之内，另一头插入土模中，以备下一阶段浇入反拱底板。

第四，当采用第二种施工程序时，可在拱脚处预留一缝，缝底设临时铁皮止水，缝顶设"假铰"，待大部分上部结构荷载施加后，在低温期用二期混凝土封堵。

第五，为保证反拱底板受力性能，在拱腔内浇筑的门槛、消力坎等构件，应在底板混凝土凝固后浇筑二期混凝土，接缝处不加处理，以使两者不成为一个整体。

二、闸墩施工

闸墩的特点是高度大、厚度小、门槽处钢筋密、预埋件多、闸墩相对位置要求严格，所以闸墩的立模与混凝土浇筑是施工中的主要问题。

（一）闸墩模板安装

为使闸墩混凝土一次浇筑达到设计高程，闸墩模板不仅要有足够的强度，还要有足够的刚度。所以，闸墩模板安装常采用"铁板螺栓、对拉撑木"的立模支撑方法。

1."铁板螺栓，对拉撑木"的模板安装

在立模前，应准备好两种固定模板的对销螺栓：一种是两端都绞丝的圆钢，直径可选用 12 mm、16 mm 或 19 mm，长度大于闸墩厚度并视实际安装需要确定；另一种是一端绞丝，另一端焊接一块 5 mm×40 mm×400 mm 扁铁的螺栓，扁铁上钻两个圆孔，以便固定在对拉撑木上。

在闸墩立模时，其两侧模板要同时相对进行。先立平直模板，次立墩头模板。在闸底板上架立第一层模板时，上口必须保持水平，在闸墩两侧模板上，

每隔1m左右钻与螺栓直径相应的圆孔，并于模板内侧对准圆孔撑以毛竹管或混凝土撑头，然后将螺栓穿入，且端头穿出横向双夹围图木和竖直围图木，然后用螺帽拧紧在竖直围图木上。铁板螺栓带扁铁的一端与水平对拉撑木相接，与两端均绞丝的螺栓要相间布置。在对拉撑木与竖直围图木之间要留有10cm空隙，以便用木楔校正对拉撑木的松紧度。对拉撑木是为了防止每孔闸墩模板的歪斜与变形。若闸墩不高，每隔两根对销螺栓放一根铁板螺栓。

当水闸为三孔一联整体底板时，则中孔可不予支撑。在双孔底板的闸墩上，则宜将两孔同时支撑，这样可对三个闸墩进行同时浇筑。

2.翻模施工

由于钢模板在水利工程中得到广泛应用，施工人员依据滑模的施工特点，发展形成了适用于闸墩施工的翻模施工法。立模时一次至少立三层，当第二层模板内混凝土浇至腰箍下缘时，第一层模板内腰箍以下部分的混凝土须达到脱模强度（以98kPa为宜），这样便可拆掉第一层，去架立第四层模板，并绑扎钢筋。依此类推，保持混凝土浇筑的连续性，从而避免产生冷缝。

（二）混凝土浇筑

闸墩模板立好后，就要进行清仓工作。用压力水冲洗模板内侧和闸墩底面，污水由底层模板上的预留孔排出。清仓完毕并堵塞小孔后，即可进行混凝土浇筑。

闸墩混凝土的浇筑，主要是为了解决好两个问题：一是每块底板上闸墩混凝土的均衡上升；二是流态混凝土的入仓及仓内混凝土的铺筑。

为了保证混凝土的均衡上升，运送混凝土入仓时要格外注意，要使在同一时间运到同一底块各闸墩的混凝土量大致相同。

为防止流态混凝土自8～10m高度下落时产生离析现象，应在仓内设置溜管，可每隔2～3m设置一组。由于仓内工作面窄，浇捣人员走动困难，可把仓内浇筑面划分成几个区段，每区段内固定浇捣工人，这样可提高工效。每坯混凝土厚度可控制在 30 cm 左右。

三、止水施工

为适应地基的不均匀沉降和伸缩变形，在水闸设计中均设置有结构缝（包括沉陷缝与温度缝）。凡位于防渗范围内的缝，都有止水设施，且所有缝内均应有填料，填料通常为沥青油毡或沥青杉木板、沥青芦苇等。止水设施分为垂直止水和水平止水两种。

（一）水平止水

水平止水大多利用塑料止水带或橡皮止水带，近年来广泛采用塑料止水带。它的止水性能好，抗拉强度高，韧性好，适应变形能力强，耐久且易黏结，价格便宜。

水平止水施工比较简单，通常有两种方法：一是先将止水带的一端埋入先浇块的混凝土中，拆模后安装填料，再浇另一侧混凝土。另一种方法是先将填料及止水带的一端安装在先浇块模板内侧，在混凝土浇好拆模后，止水带已嵌入混凝土中，填料被贴在混凝土表面，随后再浇后浇块混凝土。

（二）垂直止水

垂直止水多用金属止水片，重要部分用紫铜片，一般可用铝片，镀锌或镀铜铁皮。重要结构要求止水片与沥青井联合使用，沥青井可采用预制混凝土块砌筑，用水泥砂浆胶结，每 2～3 m 可分为一段，与混凝土接触面应凿毛以利于结合。沥青要在后浇块浇筑前随预制块的接长分段灌注。井内灌注的是沥青胶，沥青、水泥、石棉粉的配合比为 2：2：1。沥青井内沥青的加热方式有蒸汽管加热和电加热两种，多采用电加热。

第四节 水闸问题处理

一、水闸裂缝的处理

（一）闸底板和胸墙的裂缝处理

闸底板和胸墙的刚度比较小，适应地基变形的能力较差，因此很容易受到地基不均匀沉陷的影响而产生裂缝。另外，混凝土强度不足、温差过大或者施工质量差等也会引起闸底板和胸墙出现裂缝。

对不均匀沉陷引起的裂缝，在修补前，应先采取措施稳定地基，一般有两种方法：一种方法是卸载，比如将墙后填土的边墩改为空箱结构，或拆除增设的交通桥等；另外一种方法是加固地基，常用的方法是对地基进行补强灌浆，提高地基的承载能力。对于因混凝土强度不足或因施工质量差而产生的裂缝，应进行结构补强处理。

（二）翼墙和浆砌块石护坡的裂缝处理

地基不均匀沉陷和墙后排水设备失效是造成翼墙裂缝的两个主要原因。由于不均匀沉陷而产生的裂缝，首先应通过减荷稳定地基，然后再对裂缝进行修补处理；因墙后排水设备失效造成的翼墙裂缝，应先修复排水设施，再修补裂缝。浆砌石护坡裂缝常常是填土不实造成的，严重时应进行翻修。

（三）护坦的裂缝处理

护坦裂缝产生的原因有地基不均匀沉陷、温度应力过大和底部排水失效等。因地基不均匀沉陷产生的裂缝，可待地基稳定后在裂缝上设止水，将裂缝改为沉陷缝。温度裂缝可采取补强措施进行修补。若底部排水失效，则应先修复排水设备。

（四）钢筋混凝土的顺筋裂缝处理

钢筋混凝土的顺筋裂缝是沿海地区挡潮闸普遍存在的一种病害现象。裂缝的发展可使混凝土脱落、钢筋锈蚀，使结构强度过早丧失。顺筋裂缝产生的原因是海水渗入混凝土后，降低了混凝土的碱度，使钢筋表面的氧化膜遭到破坏，海水直接接触钢筋并产生电化学反应，使钢筋锈蚀。锈蚀引起的体积膨胀导致混凝土顺筋开裂。

顺筋裂缝的修补施工过程为：沿缝凿除保护层，再将钢筋周围的混凝土凿除 2 cm；对钢筋彻底除锈并清洗干净；在钢筋表面涂上一层环氧基液，在混凝土修补面上涂一层环氧胶，再填筑修补材料。

顺筋裂缝的修补材料应具有抗硫酸盐、抗碳化、抗渗、抗冲、强度高、凝聚力大等特性。目前，常用的有铁铝酸盐早强水泥砂浆及混凝土、抗硫酸盐水泥砂浆及细石混凝土、聚合物水泥砂浆及混凝土、树脂砂浆及混凝土等。

（五）闸墩及工作桥裂缝处理

我国早期建成的许多闸墩及工作桥，发现许多细小裂缝，严重老化剥离，其主要原因是混凝土的碳化。混凝土的碳化是指空气中的二氧化碳与水泥中的氢氧化钙相互作用，生成碳酸钙和水，使混凝土的碱度降低，也使得钢筋表面的氢氧化钙保护膜被破坏并开始生锈。钢筋的生锈引发混凝土膨胀并形成裂缝。处理此种问题时，应先对锈蚀钢筋进行除锈处理，锈蚀面积大的要加设新筋，采用预缩砂浆并掺入阻锈剂进行加固。

二、闸门的防腐处理

（一）钢闸门的防腐处理

钢闸门常在水中或干湿交替的环境中工作，极易被腐蚀。为了延长钢闸门的使用年限，必须对它采取一些保护措施。

钢铁的腐蚀一般分为化学腐蚀和电化学腐蚀两类。钢铁与氧气或非电解质溶液作用而发生的腐蚀，称为化学腐蚀；钢铁与水或电解质溶液接触形成微小腐蚀电池而引起的腐蚀，称为电化学腐蚀。钢闸门的腐蚀多属电化学腐蚀。

钢闸门防腐蚀措施主要有两种。一种是在钢闸门表面涂上覆盖层，借以把钢材母体与氧或电解质隔离，以免产生化学腐蚀或电化学腐蚀；另一种是设法供给适当的保护电能，使钢结构表面积聚足够的电子，成为一个整体阴极而得到保护，即电化学保护。

钢闸门不管采用哪种防腐措施，在具体实施过程中，首先都必须进行表面的处理。表面处理就是清除钢闸门表面的氧化皮、铁锈、焊渣、油污、旧漆及其他污物。经过处理的钢闸门要求表面无油脂、无污物、无灰尘、无锈蚀、表面干燥、无失效的旧漆等。目前，钢闸门表面处理方法有人工处理、火焰处理、化学处理和喷砂处理等。

人工处理就是靠人工铲除锈和旧漆，此法工艺简单，不需要大型设备，但劳动强度大、工效低、质量较差。

火焰处理就是对旧漆和油脂有机物，借燃烧使之碳化而清除。对氧化皮是利用加热后金属母体与氧化皮、铁锈间的热膨胀系数不同而使氧化皮崩裂、铁锈脱落。处理用的燃料一般为氧乙炔焰。此种方法，设备简单，清理费用较低，质量比人工处理好。

化学处理是利用碱液或有机溶剂与旧漆层发生反应来除漆，利用无机酸与钢铁的锈蚀产物进行化学反应，清理铁锈。除旧漆可利用纯碱石灰溶液（纯碱、生石灰、水的配比为 1∶1.5∶1）或其他有机脱漆剂。除锈可用无机酸与添加料配制的除锈药膏。此种方法劳动强度低，工效较高，质量较好。

喷砂处理方法较多，常见的干喷砂除锈除漆法是用压缩空气驱动砂粒通过专用的喷嘴以较高的速度冲到金属表面，依靠砂粒的冲击和摩擦以除锈、除漆。此种方法效率高、质量好，但工艺较复杂，需要用专业设备。

1.涂料保护

涂料保护系将油漆或其他涂料涂在结构表面而形成保护层。

水利工程中常用的涂料主要有环氧二乙烯乙炔红丹底漆、环氧二乙烯乙炔铝粉面漆、醇酸沥青铝粉面漆、830 号沥青铝粉防锈漆、831 号黑棕船底防锈漆等。以上涂料一般应涂刷 3～4 遍，涂料保护的时间一般为 10～15 年。在几层漆中，底漆直接与结构表面接触，要求结合牢固；面漆因暴露于周围介质之中，要求有足够的硬度及耐水性、抗老化性等。

涂料保护的一般施工方法有刷涂和喷涂两种。刷涂是用漆刷将油漆涂刷到钢闸门表面。此种方法工具设备简单，适宜于构造复杂、位置狭小的工作面。

喷涂是利用压缩空气将漆料通过喷嘴喷成雾状而覆盖于金属表面，形成保护层。喷涂工艺的优点是效率高、喷漆均匀、施工方便，特别适合大面积施工。喷涂施工需要有喷枪、贮漆罐、空压机、滤清器、皮管等设备。

2.喷镀保护

喷镀保护是在钢闸门上喷镀一层锌、铝等活泼金属，使钢铁与外界隔离从而得到保护。同时，还起到牺牲阳极（锌、铝）保护阴极（钢闸门）的作用。喷镀有电喷镀和气喷镀两种，水利工程中常采用气喷镀。

气喷镀所需设备主要有压缩空气系统、乙炔系统、喷射系统等。常用的金属材料有锌丝和铝丝，一般采用锌丝。

气喷镀的工作原理是：金属丝经过喷枪传动装置以适宜的速度通过喷嘴，由乙炔系统热熔后，借压缩空气的作用，把雾化成半熔融状态的微粒喷射到部件表面，形成一层金属保护层。

3.外加电流阴极保护与涂料保护相结合

将钢闸门与另一辅助电极（如废旧钢铁等）作为电解池的两个极，以辅助电极为阳极、钢闸门为阴极，在两者之间接上一个直流电源，通过水形成回路，在电流作用下，阳极的辅助材料发生氧化反应而被消耗，阴极发生还原反应得到保护。当系统通电后，阴极表面就开始得到电源送来的电子，其中除一部分被水中还原物质吸收外，大部分将积聚在阴极表面，使阴极表面电位越来越负。电位越负，保护效率就越高。当钢闸门在水中的表面电位达到 -850 mV 时，钢闸门基本能保持不锈，这个电位值被称为最小保护电位。

在钢闸门上采用外加电流阴极保护时，会消耗大量保护电流。为了节约用电，可采用与涂料一并使用的联合保护措施。

（二）钢丝网水泥闸门的防腐处理

钢丝网水泥是一种新型水工结构材料，它由若干层重叠的钢丝网浇筑高强度等级水泥砂浆而成。它具有重量轻、造价低、便于预制、弹性好、强度高、抗震性能好等优点。完好无损的钢丝网水泥结构，其钢丝网与钢筋被氢氧化钙等碱性物质包围，钢丝与钢筋在氢氧化钙碱性作用下生成氢氧化铁保护膜保护网、筋，防止网、筋锈蚀。因此，要想对钢丝网水泥闸门进行保护，就必须使砂浆保护层完好无损。要达到这个要求，一般采用涂料保护。

在涂防腐涂料前，必须对钢丝网水泥闸门进行表面处理，一般可采用酸洗处理，使砂浆表面洁净、干燥、轻度毛糙。常用的防腐涂料有环氧材料、聚苯乙烯、氯丁橡胶沥青漆及生漆等。为保证涂抹质量，一般要涂 2～3 层。

（三）木闸门的防腐处理

在水利工程中，一些中小型闸门常用木闸门，木闸门在阴暗潮湿或干湿交替的环境中工作，易霉烂和被虫蛀，因此也需要进行防腐处理。

木闸门常用的防腐剂有氟化钠、硼铬合剂、硼酚合剂、铜铬合剂等。这些防腐剂的作用是毒杀微生物与菌类,以达到防止木材腐蚀的目的。施工方法有涂刷法、浸泡法、热浸法等。处理前应将木材烤干,使防腐剂容易渗入木材内。

对木闸门做了防腐处理后,为了彻底封闭木材空隙,隔绝木材与外界的接触,常在木闸门表面涂上油性调和漆、生桐油、沥青等,以防止木材被腐蚀。

第五章　管道工程施工技术

第一节　水利工程常用管道

随着经济的快速发展，水利工程建设进入高速发展阶段，许多项目中管道工程占有很大的比例，因此合理的管道设计不但能满足工程的实际需要，还能有效控制工程投资。目前，水利工程中管材的类型趋于多样化，主要有铸铁管、钢管、玻璃钢管、塑料管以及混凝土管等。

一、铸铁管

铸铁管具有较高的机械强度及较强的承压能力，有较强的耐腐蚀性，接口方便，易于施工。其缺点在于不能承受较大的动荷载，质脆。铸铁管按制造材料可分为普通灰口铸铁管和球墨铸铁管，较常用的为球墨铸铁管。

球墨铸铁和普通铸铁里均含有石墨单体，即铸铁是铁和石墨的混合体。但普通铸铁中的石墨是片状存在的，石墨的强度很低，相当于铸铁中存在许多片状的空隙，因此普通铸铁强度比较低，较脆。球墨铸铁中的石墨是呈球状的，相当于铸铁中存在许多球状的空隙。球状空隙对铸铁强度的影响远比片状空隙小，所以球墨铸铁强度比普通铸铁强度高很多，球墨铸铁的性能接近于中碳钢，但价格比钢材便宜得多。

球墨铸铁管是在铸造铁水中添加球化剂后，经过离心机高速离心铸造成的低压力管材，一般使用的管材直径可达 3 000 mm。在铸造过程中，球墨铸铁管的机械性能得到了较好的改善，具有铁的本质、钢的性能。其防腐性能优异、延展性能好，安装简易，主要用于输水、输气、输油等。

目前，我国生产球墨铸铁管的厂家一般具备一定的生产规模，且一般是专业化生产线，产品数量及质量性能稳定——刚度好，耐腐蚀性强，使用寿命长，能承受较大压力。

（一）铸铁管分类

按制造方法划分，铸铁管可分为砂型离心承插直管、连续铸铁直管及砂型铸铁管；按所用材料划分，铸铁管可分为灰口铸铁管、球墨铸铁管及高硅铸铁管。

1.给水铸铁管

（1）砂型离心铸铁直管

砂型离心铸铁直管的材质为灰口铸铁，适用于水及煤气等压力流体的输送。

（2）连续铸铁直管

连续铸铁直管，即连续铸造的灰口铸铁管，适用于水及煤气等压力流体的输送。

2.排水铸铁管

常见的排水铸铁管有普通排水铸铁承插管及管件，柔性抗震接口排水铸铁直管。此类铸铁管采用橡胶圈密封，螺栓紧固的方式，在内水压下具有良好的挠曲性和伸缩性，能适应较大的轴向位移和横向曲挠变形，适用于高层建筑室内排水管，对地震区尤为适用。

（二）铸铁管接口形式

承插式铸铁管刚性接口抗应变性能差，受外力作用时，无塔供水设备接口填料容易碎裂而渗水，尤其在弱地基、沉降不均匀地区和地震区，接口的损坏率较高。因此，应尽量采用柔性接口。

目前采用的柔性接口形式有滑入式橡胶圈接口、R形橡胶圈接口、柔性机械式接口A形及柔性机械式接口K形。

1.滑入式橡胶圈接口

橡胶圈与管材由供应厂方配套供应，安装橡胶圈前应将承口内工作面与插口外工作面清扫干净，然后将橡胶圈嵌入承口凹梢内，并在橡胶圈外露表面及插口工作面涂上对橡胶圈质量无影响的润滑剂。待供水设备插口端部倒角与橡胶圈均匀接触后，再用专用工具将插口推入承口内，推入深度应到预先设定的标志处，并复查已安好的前一节、前二节接口推入深度。

2.球墨铸铁管滑入式T形接口

我国《水及燃气用球墨铸铁管、管件和附件》（GB/T 13295—2019）规定了退火离心铸造、输水用球墨铸铁管直管、管件、胶圈的技术性能，其接口形式均采用滑入式T形接口。

3.机械式（压兰式）球墨铸铁管接口

日本久保田球墨铸铁管机械式接口已被我国引进采用。该种球墨铸铁管机械接口形式分为A形和K形。其管材管件由球墨铸铁直管、压兰、螺栓及橡胶圈组成。

机械式接口密封性能良好，试验时内水压力达到2 MPa时无渗漏现象，轴向位移及折角等指标均达到很高水平，但成本较高。

二、钢管

钢管是经常采用的管道，其优点如下：管径可随需要加工，承受压力大，耐振动，薄而轻，管节长而接口少，接口形式灵活，单位管长重量轻，渗漏少，节省管件，适合穿越较复杂地形，可现场焊接，运输方便，等等。钢管一般用于管径大、受水压力大的管段，以及穿越铁路、河谷和地震区的管段。缺点是易锈蚀，价格较高，故需做严格的防腐、绝缘处理。

三、玻璃钢管

玻璃钢管也称玻璃纤维缠绕夹砂管（RPM 管），主要以玻璃纤维及其制品为增强材料，以高分子成分的不饱和聚酯树脂、环氧树脂等为基本材料，以石英砂及碳酸钙等无机非金属颗粒材料为填料（也是主要原料）。管的标准有效长度为 6 m 和 12 m，其制作方法有定长缠绕工艺、离心浇铸工艺以及连续缠绕工艺三种。目前，在水利工程中已被多个领域采用，如长距离输水、城市供水、输送污水等。

玻璃钢管是近年来在我国兴起的新型管道材料，优点是管道糙率低，按 $n=0.0084$ 计算时，其选用管径较球墨铸铁管或钢管小一级，可降低工程造价，且管道自重轻，运输方便，施工强度低，材质卫生，对水质无污染，耐腐蚀性能好。其缺点是管道本身承受外压的能力差，对施工技术要求高，生产中人工影响因素较多，必须有严格的质量保证措施。

玻璃钢管特点如下：

①耐腐蚀性好，对水质无影响。玻璃钢管能抵抗酸、碱、盐、海水、未经处理的污水、腐蚀性土壤或地下水、众多化学流体的侵蚀，比传统管材的使用寿命长，其设计使用寿命一般在 50 年以上。

②耐热性、抗冻性好。在 -30 ℃状态下，仍具有良好的韧性和极高的强度。可在 -50 ℃～80 ℃的环境中长期使用。

③自重轻、强度高，运输安装方便。采用纤维缠绕生产的夹砂玻璃钢管，其比重为 1.65～2.0。环向拉伸强度为 180～300 MPa，轴向拉伸强度为 60～150 MPa。

④摩擦阻力小，输水水头损失小。内壁光滑，糙率和摩阻力很小。糙率系数可达 0.008 4，能显著减少沿程的流体压力损失，提高输水能力。

⑤耐磨性好。

四、塑料管

塑料管具有质轻、耐腐蚀、外形美观、无不良气味、加工容易、施工方便等特点，在建筑工程中的应用越来越广泛。

（一）塑料管材特性

塑料管的主要优点是表面光滑、输送流体阻力小，耐蚀性强，质量轻、成型方便、加工容易；缺点是强度较低，耐热性差。

（二）塑料管材分类

塑料管有热塑性塑料管和热固性塑料管两大类。热塑性塑料管采用的主要树脂有聚氯乙烯树脂（PVC），聚乙烯树脂（PE），聚丙烯树脂（PP），聚苯乙烯树脂（PS）、丙烯腈-丁二烯-苯乙烯树脂（ABS），聚丁烯树脂（PB）等；热固性塑料采用的主要树脂有不饱和聚酯树脂、环氧树脂、呋喃树脂、酚醛树脂等。

（三）常用塑料管性能及优缺点

1.硬聚氯乙烯管（PVC-U）

耐化学腐蚀性好，不生锈；具有自熄性和阻燃性；耐老化性好，可在−15 ℃～60 ℃的环境中使用 20～50 年；密度小，质量轻，易扩口、黏结、弯曲、焊接，安装工作量仅为钢管的 1/2，劳动强度低、工期短；水力性能好，内壁光滑，内壁表面张力大，很难形成水垢，流体输送能力比铸铁管高 3.7 倍；阻电性能良好；节约金属能源。但是 PVC-U 的韧性差，线膨胀系数大，使用温度范围窄；力学性能差，抗冲击性不佳，刚性差，平直性也差，因而管卡及吊架设置密度高；燃烧时会释放出有毒气体和烟雾。

2.无规共聚聚丙烯管（PP-R）

PP-R 在原料生产、制品加工、使用及废弃的过程中均不会对人体及环境造成不利影响，与交联聚乙烯管材同为绿色建材。除具有一般塑料管材质量轻、强度好、耐腐蚀、使用寿命长等优点外，还无毒、卫生，符合国家卫生标准要求；耐热保温；连接安装简单可靠；弹性好、防冻裂。但是 PP-R 线膨胀系数较大；抗紫外线性能差，在阳光的长期直接照射下容易老化。

材料特性如下：

①可热熔连接，系统密封性好且安装便捷；

②在 70 ℃的工作环境中可连续工作，寿命可达 50 年，短期工作温度可达 95 ℃；

③不结垢，流阻小；

④经济性好。

3.PE 管

PE 管材料（聚乙烯）具有强度高、耐高温、抗腐蚀、无毒等特点，被广泛应用于给水管制造领域。它不会生锈，是替代部分普通铁质给水管的理想管材。

材料特点如下：

①对水质无污染，PE 管加工时不添加重金属盐稳定剂，材质无毒性，无结垢层，不滋生细菌，能够很好地解决城市饮用水的二次污染问题；

②耐腐蚀性能较好，除少数强氧化剂外，可耐多种化学介质的侵蚀，无电化学腐蚀；

③耐老化，使用寿命长，在额定温度、压力状况下，PE 管道可安全使用 50 年以上；

④内壁水流摩擦系数小，输水时水头阻力损失小；

⑤韧性好，耐冲击强度高，重物直接压过管道，不会导致管道破裂；

⑥连接方便可靠，PE 管热熔或电熔接口的强度高于管材本身，接缝不会由于土壤移动或活载荷的作用断开；

⑦施工简单，管道质轻，焊接工艺简单，施工方便，工程综合造价低。

在水利工程中的应用如下：

①城镇、农村自来水管道系统，城市及农村供水主干管和埋地管；

②园林绿化供水管网；

③污水排放用管材；

④农田水利灌溉工程；

⑤工程建设过程中的临时排水、导流工程等。

4.高密度聚乙烯管（HDPE）

高密度聚乙烯双壁波纹管是一种用料省、刚性高、弯曲性优良，具有波纹状外壁、光滑内壁的管材。双壁管较同规格、同强度的普通管可省料 40%，具有高抗冲、高抗压的特性。

（1）基本特性

高密度聚乙烯是一种不透明白色蜡状材料，比重为 0.941～0.960，柔软且有韧性，但比低密度聚乙烯（LDPE）略硬，也略能伸长，无毒，无味；易燃，离火后能继续燃烧，火焰上端呈黄色，下端呈蓝色，燃烧时会熔融，有液体滴落，无黑烟冒出，散发出的气味类似石蜡燃烧时的气味。

（2）主要优点

耐酸碱，耐有机溶剂，电绝缘性优良，低温时仍能保持一定的韧性；表面硬度、拉伸强度、刚性等机械强度都高于 LDPE，接近 PP，比 PP 韧，但表面光洁度不如 PP。

（3）主要缺点

机械性能差，透气性差，易变形，易老化，易发脆，脆性低于 PP，易应力开裂；表面硬度低，易刮伤；难印刷，印刷时，须进行表面放电处理，不能电镀，表面无光泽。

5.塑料波纹管

塑料波纹管在结构设计上采用特殊的"环形槽"式异形断面形式，这种管材设计新颖、结构合理，突破了普通管材的"板式"传统结构，使管材具有足够的抗压和抗冲击强度，又具有良好的柔韧性。根据成型方法的不同，其可分为单壁波纹管、双壁波纹管。

塑料波纹管的特点如下：刚柔兼备，在具有足够力学性能的同时，兼具优异的柔韧性；质量轻、省材料、降能耗、价格便宜；内壁光滑的波纹管能减少液体在管内流动的阻力，进一步提高输送能力；耐化学腐蚀性强，可承受酸碱土壤的影响；波纹形状能加强管道对土壤的负荷抵抗力，同时又不增加它的曲挠性，因而它可以连续敷设在凹凸不平的地面上；接口方便且密封性能好，搬运容易，安装方便，有助于减轻劳动强度，缩短工期；使用温度范围宽、阻燃、自熄、使用安全；电气绝缘性能好，是电线套管的理想材料。

五、混凝土管

混凝土管可分为素混凝土管、普通钢筋混凝土管、自应力钢筋混凝土管和预应力钢筋混凝土管四类。按混凝土管内径的不同，可分为小直径管（内径 400 mm以下），中直径管（内径 400～1 400 mm）和大直径管（内径 1 400 mm 以上）。按管子承受水压能力的不同，可将其分为低压管和压力管，压力管的工作压力一般有 0.4 MPa、0.6 MPa、0.8 MPa、1.0 MPa、1.2 MPa 等。按管子接头形式的不同，其又可分为平口式管、承插式管和企口式管。其接口形式有水泥砂浆抹带接口、钢丝网水泥砂浆抹带接口、水泥砂浆承插和橡胶圈承插等。

混凝土管的成形方法有离心法、振动法、滚压法、真空作业法，以及滚压、离心、振动联合作用的方法。预应力管配有纵向和环向预应力钢筋，因此具有较强的抗裂和抗渗能力。20 世纪 80 年代，中国和其他一些国家发展了自应力钢筋混凝土管，其主要特点是利用自应力水泥在硬化过程中的膨胀作用产生预应力，简化了制造工艺。混凝土管与钢管相比，可以大量节约钢材，延长使用寿命，且建厂投资少，铺设安装方便，已在工厂、矿山、油田、港口、城市建设和农田水利工程中得到广泛应用。

混凝土管的优点是抗渗性和耐久性能好，不会腐蚀及腐烂，内壁不结垢等；缺点是质地较脆，易碰损，铺设时要求沟底平整，且需做管道基础及管座，常用于大型水利工程。

以预应力钢筒混凝土管（PCCP）为例。PCCP是由带钢筒的高强混凝土管芯缠绕预应力钢丝，再喷以水泥砂浆保护层而构成的；用钢制承插口和钢筒焊在一起，由承插口上的凹槽与胶圈形成滑动式柔性接头；是钢板、混凝土、高强钢丝和水泥砂浆几种材料组合而成的复合型管材。主要形式有内衬式和嵌置式。在水利工程中应用广泛，如跨区域输水、农业灌溉、污水排放等。

PCCP是近年在我国开始使用的新型管道材料，具有强度高，抗渗性好，耐久性强，不需防腐等优点，且价格较低。缺点是自重大，运输费用高；管件需要做成钢制品，在大批量使用时，可在工程附近建厂加工制作，减少长途运输成本，缩短工期。

PCCP的特点如下：

①能够承受较高的内外荷载；

②安装方便，适宜在各种地质条件下施工；

③使用寿命长；

④运行和维护费用低。

PCCP工程设计、制造、运输和安装的难点集中在管道连接处。管件连接的部位主要有：顶管两端连接、穿越交叉构筑物及河流等竖向折弯处、管道控制阀、流量计、入流或分流叉管及排气检修设施两端。

第二节 管道开槽法施工

管道工程多为地下铺设管道，为铺设地下管道进行土方开挖叫挖槽。开挖的槽叫作沟槽或基槽，为建筑物、构筑物开挖的坑叫基坑。在管道工程中，挖槽是主要工序，其特点是：管线长、工作量大、劳动繁重、施工条件复杂。又因为开挖的土成分较为复杂，施工中常受到水文地质、气候、施工地区等因素的影响，因而一般较深的沟槽土壁常用木板或板桩支撑，当槽底位于地下水位以下时，须采取排水和降低地下水位的施工方法。

一、沟槽的形式

沟槽的开挖断面应考虑管道结构的施工是否方便，确保工程质量和施工安全，开挖断面要具有一定的强度和稳定性。同时也应遵循少挖方、少占地、经济合理的原则。在了解开挖地段的土壤性质及地下水位情况后，可结合管径大小、埋管深度、施工季节、地下构筑物情况（如施工现场及沟槽附近地下构筑物的位置）等来选择开挖方法，并合理地确定沟槽开挖断面。常采用的沟槽断面形式有直槽、梯形槽、混合槽等；当有两条或多条管道共同埋设时，必须采用联合槽。

（一）直槽

即槽帮边坡基本为直坡（边坡小于 0.05 的开挖断面）。直槽一般用于地质情况好、工期短、深度较浅的小管径工程，比如地下水位低于槽底，直槽深度不超过 1.5 m。在地下水位以下采用直槽时需考虑支撑问题。

（二）梯形槽（大开槽）

即槽帮具有一定坡度的开挖断面，开挖断面槽帮放坡，不用支撑。槽底如在地下水位以下，目前多采用人工降低水位的施工方法，减少支撑。采用此种大开槽断面，在土质好（如黏土、亚黏土）时，即使槽底在地下水以下，也可以在槽底挖出排水沟，进行表面排水，保证其槽帮土壤的稳定。大开槽断面是应用较多的一种形式，尤其适用于机械开挖的施工方法。

（三）混合槽

即由直槽与大开槽组合而成的多层开挖断面，较深的沟槽宜采用此种混合槽分层开挖断面。混合槽多为深槽施工。采取混合槽施工时，上部槽尽可能采用机械开挖，开挖下部槽时常常要同时考虑采用排水及支撑的施工措施。

沟槽开挖时，为防止地面水流入坑内冲刷边坡，造成塌方和破坏基土，上部应有排水措施。对于较大的井室基槽的开挖，应先进行测量定位，抄平放线，定出开挖宽度，按放线分层挖土，根据土质和水文情况采取在四侧或两侧直立开挖和放坡的方法，以保证施工安全。放坡后基槽上口宽度由基础底面宽度及边坡坡度来决定。坑底宽度应根据管材、管外径和接口方式等确定，以便于施工操作。

二、开挖方法

沟槽开挖有人工开挖和机械开挖两种施工方法。

（一）人工开挖

在小管径、土方量少或施工现场狭窄、地下障碍物多、不易采用机械挖土或深槽作业时，或者底槽需要支撑，无法采用机械挖土时，通常采用人工挖土。

人工挖土使用的主要工具为铁锹、镐，主要施工工序为放线、开挖、修坡、清底等。

沟槽开挖须按开挖断面先求出中心到槽口边线的距离，并按此在施工现场设置开挖边线。槽深在 2 m 以内的沟槽，人工挖土与沟槽内出土可同时进行。较深的沟槽可分层开挖，每层开挖深度一般以 2～3 m 为宜，利用层间留台人工倒土、出土。在开挖过程中应控制开挖断面将槽帮边坡挖出，槽帮边坡应不陡于规定坡度，检查时可用坡度尺检验，外观不得有亏损、鼓胀现象，表面应平顺。

槽底土壤严禁扰动。挖槽在接近槽底时，要加强测量，注意清底，不要超挖。如果发现超挖，应按规定要求进行回填，槽底应保持平整，槽底高程及槽底中心每侧宽度均应符合设计要求；土方槽底高程偏差不大于±20 mm。石方槽底高程偏差为－20～－200 mm。

沟槽开挖时应注意施工安全，操作人员应有足够的安全施工工作面，防止铁锹、镐碰伤。槽帮上如有石块、碎砖应清走。原沟槽每隔 50 m 设一座梯子，上下沟槽应走梯子。在槽下作业的工人应戴安全帽。在深沟内挖土清底时，沟上要有专人监护，注意沟壁的完好程度，确保作业安全，防止沟壁塌方伤人。在每日上下班前，应检查沟槽有无裂缝、坍塌等现象。

（二）机械开挖

目前使用的挖土机械主要有推土机、单斗挖土机、装载机等。机械挖土的特点是效率高、速度快、占用工期少。为了充分体现机械施工的特点，提高机械利用率，保证安全生产，施工前的准备工作应做细，并合理选择施工机械。沟槽（基坑）的开挖，多采用机械开挖、人工清底的施工方法。

机械挖槽时，应保证槽底土壤不被扰动或破坏。一般情况下，机械不可能准确地将槽底按规定高程整平，设计槽底以上宜留 20～30 cm 不挖，后期用人工清挖的施工方法处理。

采用机械挖槽方法时，应向司机详细交底，交底内容一般包括挖槽断面（深度、槽帮坡度、宽度）的尺寸、堆土位置、电线高度、地下电缆、地下构筑物及施工要求，并根据情况会同机械操作人员做好安全生产措施，之后方可进行施工。机械司机进入施工现场，应听从现场指挥人员的指挥，对现场涉及机械、人员安全的情况应及时提出意见，妥善解决，以确保安全。

指定专人与司机配合，保质保量，安全生产。其他配合人员应熟悉机械挖土有关安全操作规程，掌握沟槽开挖断面尺寸，算出应挖深度，及时测量槽底高程和宽度，防止超挖和亏挖；经常查看沟槽有无裂缝、坍塌迹象，注意机械工作安全。在挖掘前，当机械司机释放喇叭信号后，其他人员应离开工作区域，维护施工现场安全。工作结束后指引机械开到安全地带，指引机械工作和行动时，注意上空线路及行车安全。

配合机械作业的土方辅助人员，如清底、平地、修坡人员应在机械的回转半径以外操作，如必须在其半径以内工作时，如拨动石块的人员，则应在机械运转停止后方可进入操作区。机上、机下人员应密切配合，当机械回转半径内有人时，严禁开动机器。在地下电缆附近工作时，必须查清地下电缆的走向并设置明显的标志。采用挖土机挖土时，应严格保持在 1 m 以外的距离工作。其他各类管线也应查清走向，开挖断面应与管线保持一定距离，一般以 0.5～1 m 为宜。

无论是人工挖土还是机械开挖，管沟都应以设计管底标高为依据。要确保施工过程中沟底土壤不被扰动，不被水浸泡，不受冰冻，不遭污染。当无地下水时，挖至规定标高以上 5～10 cm 即可停挖；当有地下水时，则挖至规定标高以上 10～15 cm，待下管前清底。

挖土不允许超过规定高程。若局部超挖，则应认真进行人工处理，当超挖在 15 cm 以内又无地下水时，可用原状土回填夯实，其密实度不应低于 95%；当沟底有地下水或沟底土层含水量较大时，可用砂夹石回填。

三、下管

下管方法有人工下管法和机械下管法两种，应根据管子的重量和工程量的多少、施工环境、沟槽断面、工期要求及设备供应等情况综合考虑确定。

（一）人工下管法

人工下管应以施工方便、操作安全为原则，可根据工人操作的熟练程度、管子重量、管子长短、施工条件、沟槽深浅等因素综合考虑。其适用范围为：管径小，自重轻；施工现场狭窄，不便于机械操作；工程量较小，而且机械供应有困难。

1.贯绳下管法

适用于管径小于 30 cm 的混凝土管、缸瓦管。用带铁钩的粗白棕绳，由管内穿出，钩住管头，然后一边用人工控制白棕绳，一边滚管，将管子缓慢送入沟槽内。

2.压绳下管法

压绳下管法是人工下管法中最常用的一种方法，适用于中、小型管子，操作灵活。具体操作是在沟槽上边打入两根撬棍，分别套住一根下管大绳，绳子一端用脚踩牢，用手拉住绳子另一端，听从一人号令，徐徐放松绳子，直至将管子放至沟槽底部。

当管子自重大，一根撬棍的摩擦力不能克服管子自重时，两边可各多打入一根撬棍，以增加绳子的摩擦阻力。

3.集中压绳下管法

此种方法适用较大管径，即从固定位置往沟槽内下管，然后在沟槽内将管子运至稳管位置。在下管处埋入 1/2 立管长度，内填土方，将下管用两根大绳缠绕（一般绕一圈）在立管上，绳子一端固定，另一端由人工操作，利用绳子与立管之间的摩擦力控制下管速度。操作时应注意，两边放绳要均匀，防止管子倾斜。

4.搭架法（吊链下管）

常用的有三角架或四角架法，在塔架上装上吊链起吊管子。其操作过程如下：先在沟槽上铺上方木，将管子滚至方木上。吊链将管子吊起，撤出原铺方木，操作吊链使管子徐徐下入沟底。下管用的大绳应质地坚固、不断股、不糟朽、无夹心。

（二）机械下管法

机械下管速度快、安全，并且可以减轻工人的劳动强度。条件允许时，应尽可能采用机械下管法。其适用范围为：管径大，自重大；沟槽深，工程量大；施工现场便于机械操作。

机械下管一般沿沟槽移动。因此，沟槽开挖时应一侧堆土，另一侧作为机械工作面。应有运输道路、管材堆放场地。管子应堆放在下管机械的臂长范围之内，以避免管材的二次搬运。

机械下管视管子重量选择起重机械，常用的有汽车起重机和履带式起重机。采用机械下管法时，应设专人统一指挥。机械下管不应单点起吊，采用两点起吊时吊绳应找好重心，平吊轻放。

起重机禁止在斜坡地方吊着管子回转，轮胎式起重机在作业前应将支腿撑好，轮胎不应承担起吊的重量。支腿距沟边要有 2 m 以上的距离，必要时应垫木板。在起吊作业区内，禁止无关人员停留或通过。在吊钩和被吊起的重物下，严禁任何人通过或站立。起吊作业不应在带电的架空线路下作业，在架空线路同侧作业时，起重机臂杆应与架空线路保持一定的安全距离。

四、稳管

稳管是将每节符合质量要求的管子按照设计的平面设置和高程稳定在地基或基础上。

（一）管轴线位置的控制

管轴线位置的控制是指所铺设的管线符合设计规定的坐标位置。其方法是在稳管前由测量人员将管中心钉测设在坡度板上，稳定时由操作人员将坡度板上中心钉挂上小线，即为管子轴线位置。

1.中线对中法

即在中心线上挂一垂球，在管内放置一块带有中心刻度的水平尺，当垂球线穿过水平尺的中心刻度时，表示管子已经对中。倘若垂线往水平尺中心刻度左边偏离，表明管子往右偏离中心线相等一段距离，这时就要调整管子位置，使其居中为止。

2.边线对中法

即在管子同一侧钉一排边桩，其高度接近管中心处。在边桩上钉一小钉，其位置距中心垂线保持同一常数值。稳管时，将边桩上的小钉挂上边线，即边线是与中心垂线相距同一距离的水平线。在稳管操作时，使管外皮与边线保持同一距离，表示管道中心处于设计轴线位置。

（二）管内底高程控制

沟槽开挖接近设计标高，由测量人员埋设坡度板，在坡度板上标出桩号、高程和中心钉。坡度板应设间距：排水管道一般为 10 m，给水管道一般为 15～20 m。管道平面及纵向折点和附属构筑物处，可根据需要增设坡度板。

相邻两块坡度板的高程钉至管内底的垂直距离保持一常数，则两个高程钉的连线坡度与管内底坡度相平行，该连线称坡度线。坡度线上任何一点到管内底的垂直距离为一常数，称为下反数。稳管时，可用一木制丁字形高程尺，上面标出下反数刻度，将高程尺垂直放在管内底中心位置，调整管子高程，高程尺下反数的刻度与坡度线相重合，则表明管内底高程合适。

稳管工作的对中和对高程工作应同时进行，根据管径大小，可由 2 人或 4 人进行，互相配合，稳好后的管子用石块垫牢。

五、沟槽回填

管道主要采用沟槽埋设的方式，由于回填土部分和沟壁原状土不是一个整体结构，整个沟槽的回填土对管顶存在一个作用力，而压力管埋设于地下，一般不做人工基础。回填土的密实度要求虽严，实际上若达到这一要求并不容易，因此管道在安装及输送介质的初期一直处于沉降的不稳定状态。对土壤而言，这种沉降通常可分为三个阶段：第一阶段是逐步压缩，使受扰动的沟底土壤受压；第二阶段是土壤在它弹性限度内的沉降；第三阶段是土壤受压超过其弹性限度的压实性沉降。

就管道施工的工序而言，管道沉降分为五个过程：管子放入沟内，由于管材自重使沟底表层的土壤压缩，引起管道第一次沉降，如果管子入沟前没挖接头坑，在这一沉降过程中，当沟底土壤较密，承载能力较大，管道口径较小时，管和土的接触主要在承口部位；开挖接头坑后，管身与土壤接触或接触面积的变化，会引起第二次沉降；管道灌满水后，管重的变化会引起第三次沉降；管沟回填土后，会引起第四次沉降；实践证明，整个沉降过程不因沟槽内土的回填而终止，它还有一个较长时期的缓慢的沉降过程，这就是第五次沉降。

管道的沉降是管道垂直方向的位移，是由管底土壤受力后变形所致。沉降的快慢及沉降量的大小，随着土壤的承载力、管道作用于沟底土壤的压力、管道和土壤接触面形状的变化而变化。

如果管底土质发生变化，管接口及管道两侧（胸腔）回填土的密实度不好，就可能发生管道的不均匀沉降，引起管接口的应力集中，造成接口漏水等事故；而这些漏水事故又可能引起管基础的破坏，水土流移，反过来加剧了管道的不均匀沉降，最后导致管道更大程度的损坏。

管道沟槽的回填，特别是管道胸腔土的回填极为重要，否则管道会因应力集中而变形、破裂。

（一）回填土施工

回填土施工包括填土、摊平、夯实、检查等四个工序。回填土土质应符合设计要求，保证填方的强度和稳定性。

两侧胸腔应同时分层填土摊平，夯实也应同时以同一速度前进。管子上方土的回填，从纵断面上看，在厚土层与薄土层之间，已夯实土与未夯实土之间，应有较长的过渡段，以免管子受压不均匀发生开裂。相邻两层回填土的分装位置应错开。

在胸腔和管顶以上 50 cm 范围内夯土时，如果夯击力过大，会使管壁或沟壁开裂，因此应根据管沟的强度确定夯实机械。

每层土夯实后，应测定密实度。回填后应使沟槽上土面呈拱形，以免日久因土沉降而造成地面下凹。

（二）冬季和雨季施工

1. 冬季施工

应尽量采取措施缩短施工段落，分层薄填，迅速夯实，铺土须当天完成。

管道上方计划修筑路面的不得回填冻土。上方无修筑路面计划的，胸腔及管道顶以上 50 cm 范围内不得回填冻土，其上部回填冻土含量也不能超过填方总体积的 15%，且冻土尺寸不得大于 10 cm。

冬季施工应根据回填冻土含量、填土高度、土壤种类来确定预留沉降度，一般中心部分高出地面 10～20 cm 为宜。

2.雨季施工

①还土应边还土边碾压夯实，当日回填当日夯实；

②雨后还土应先测出土壤含水量，对过湿土应进行处理；

③槽内有水时，应先排除方可回填；取土还土时，应避免造成地面水流向槽内的通道。

第三节　管道不开槽法施工

地下管道在穿越铁路、河流、土坝等重要建筑物和不适宜采用开槽法施工时，可选用不开槽法施工。其施工特点如下：不需要拆除地上的建筑物，不影响地面交通，土方开挖量较少，管道不必设置基础和管座，不受季节影响，有利于文明施工。

管道不开槽法施工种类较多，可归纳为掘进顶管法、不取土顶管法、盾构法和暗挖法等。暗挖法与隧洞施工有相似之处，在此主要介绍掘进顶管法和盾构法。

一、掘进顶管法

掘进顶管法包括人工取土顶管法、机械取土顶管法和水力冲刷顶管法等。

（一）人工取土顶管法

人工取土顶管法是靠人工在管内端部挖掘土壤，然后在工作坑内借助顶进设备，把敷设的管子按设计中心和高程的要求顶入，并用小车将土从管中运出的方法。人工取土顶管法适用于管径大于 800 mm 的管道顶进，应用较为广泛。

1.顶管施工的准备工作

工作坑是掘进顶管施工的主要工作场所，应有足够的空间和工作面，保证下管、安装顶进设备和操作间距。施工前，要选定工作坑的位置、尺寸，还要进行顶管后背验算。后背可分为浅覆土后背和深覆土后背，具体计算可按挡土墙计算方法确定。顶管时，后背不应当破坏或产生不允许的压缩变形。工作坑的位置可根据以下条件确定：

①根据管线设计，排水管线可选在检查井处；

②单向顶进时，应选在管道下游端，以利排水；

③考虑地形和土质情况，选择可利用的原土后背；

④工作坑与被穿过的建筑物要有一定的安全距离，距水源、电源较近。

2.挖土与运土

管前挖土是保证顶进质量及地上构筑物安全的关键，管前挖土的方向和开挖形状直接影响顶进管位的准确性。由于管子在顶进中是循着已挖好的土壁前进的，管前周围超挖应严格控制。

管前挖土深度一般等于千斤顶出镐长度，如土质较好，可超前 0.5 m。超挖过大，土壁开挖形状就不易控制，易引起管位偏差和上方土坍塌。在松软土层中顶进时，应加固管顶上部土壤或在管前安设管檐。

管前挖出的土应及时外运。管径较大时，可用双轮手推车推运。管径较小时应采用双筒卷扬机牵引四轮小车出土。

3.顶进

顶进是利用千斤顶出镐，在后背不动的情况下将管子向前推进。其操作过程如下：

①安装好顶铁、挤牢，管前端已挖一定长度后，启动油泵，千斤顶进油，活塞伸出一个工作行程，将管子推进一定距离；

②停止油泵，打开控制闸，千斤顶回油，活塞回缩；

③添加顶铁，重复上述操作，直至需要安装下一节管子为止；

④卸下顶铁，下管，在混凝土管接口处放一圈麻绳，以保证接口缝隙密封和受力均匀；

⑤在管内口处安装一个内涨圈，作为临时性加固措施，防止顶进纠偏时错口，涨圈直径小于管内径 5～8 cm，空隙用木楔背紧，涨圈用 7～8 mm 厚钢板焊制，宽 200～300 mm。

⑥重新装好顶铁，重复上述操作。

在顶进过程中，要做好顶管测量及误差校正工作。

（二）机械取土顶管法

机械取土顶管与人工取土顶管除了掘进和管内运土不同外，其余部分大致相同。机械取土顶管是在被顶进管子前端安装机械钻进的挖土设备，配上皮带运土，可代替人工挖、运土。

二、盾构法

盾构是用于地下不开槽法施工时进行地层开挖及衬砌拼装时起支护作用的施工设备，由开挖系统、推进系统和衬砌拼装系统三部分组成。

（一）施工准备

盾构施工前应根据设计提供的图纸和有关资料，对施工现场进行详细勘查，对地上和地下障碍物、地形、土质、地下水和现场条件等诸方面进行了解，根据勘察结果，编制盾构施工方案。

盾构施工的准备工作还应包括测量定线、衬块预制、盾构机械组装、降低地下水位、土层加固以及工作坑开挖等。

（二）盾构工作坑及始顶

盾构法施工也应当设置工作坑，作为盾构开始、中间、结束井。开始工作坑与顶管工作坑相同，其尺寸应满足盾构和顶进设备尺寸的要求。工作坑周壁应做支撑或采用沉井或连续墙加固，防止坍塌，并在顶进装置背后做好牢固的后背。

盾构在工作坑导轨上至盾构完全进入土中的这一段距离，借助外部千斤顶顶进。与顶管方法相同。当盾构已进入土中以后，在开始工作坑后背与盾构衬砌环之间各设置一个木环，其大小尺寸与衬砌环相等，在两个木环之间用圆木支撑，作为始顶段的盾构千斤顶的支撑结构。一般情况下，衬砌环长度为 30~50 m 以后，才能起到后背作用，这时方可拆除工作坑内圆木支撑。

如顶段开始后，即可起用盾构本身千斤顶，将切削环的刃口切入土中，在切削环掩护下进行掘土，一面出土一面将衬砌块运入盾构内，待千斤顶回镐后，对其空隙部分进行砌块拼装。再以衬砌环为后背，启动千斤顶。重复上述操作，盾构便不断前进。

（三）衬砌和灌浆

按照设计要求，确定砌块形状和尺寸以及接缝方法，接口有平口、企口和螺栓连接。企口接缝防水性能好，但拼装复杂；螺栓连接整体性好，刚度大。砌块接口要涂抹黏结剂，提高防水性能，常用的黏结剂有沥青玛脂、环氧胶泥等。砌块外壁与土壁间的间隙应用水泥砂浆或豆石混凝土浇筑。通常情况下，每隔 3~5 衬砌环有一灌注孔环，此环上设有 4~10 个灌注孔。灌注孔直径不小于 36 mm。灌浆作业应及时进行。灌入时应按自下而上、左右对称的顺序进行。灌浆时应防止浆液漏入盾构内，在此之前应做好止水。砌块衬砌和缝隙注浆合称为一次衬砌。二次衬砌按照动能要求，在一次衬砌合格后，可进行二次衬砌。二次衬砌可浇筑豆石混凝土、喷射混凝土等。

第四节　管道的制作与安装

一、钢管

（一）管材

管节的材料、规格、压力等级等应符合设计要求，管节宜在工厂预制，现场加工应符合下列规定：

①管节表面应无斑疤、裂纹、严重锈蚀等缺陷；

②焊缝外观质量应符合表 5-1 的规定，焊缝无损检验合格；

③直焊缝卷管管节几何尺寸允许偏差应符合表 5-2 的规定；

④同一管节允许有两条纵缝，管径大于或等于 600 mm 时，纵向焊缝的间距应大于 300 mm，管径小于 600 mm 时，其间距应大于 100 mm。

表 5-1　焊缝的外观质量

项目	技术要求
外观	不得有熔化金属流到焊缝外未熔化的母材上，焊缝和热影响区表面不得有裂纹、气孔、弧坑和灰渣等缺陷；表面光顺、均匀、焊道与母材应平缓过渡
宽度	应焊出坡口边缘 2～3 mm
表面余高	应小于或等于 1＋0.2 倍坡口边缘宽度，且不大于 4 mm
咬边	深度应小于或等于 0.5 mm，焊缝两侧咬边总长不得超过焊缝长度的 10%，且连续长不应大于 100 mm
错边	应小于或等于 0.2t，且不应大于 2 mm
未焊满	不允许

注：t 为壁厚（mm）。

表 5-2 直焊缝卷管管节几何尺寸的允许偏差

项目	允许偏差	
周长	$D_i \leqslant 600$	± 2.0
	$D_i > 600$	$\pm 0.003\,5D_i$
圆度	管端 $0.005D_i$；其他部位 $0.01D_i$	
端面垂直度	$0.001D_i$，且不大于 1.5	
弧度	用弧长 $\pi D_i/6$ 的弧形板量测于管内壁或外壁纵缝处形成的间隙，其间隙为 $0.1t+2$，且不大于 4，距管端 200 mm 纵缝处的间隙不大于 2	

注：D_i 为管内径（m），t 为壁厚（mm）。

（二）钢管安装

管道安装应符合相关标准和规范，并应符合下列规定：

①对首次采用的钢材、焊接材料、焊接方法或焊接工艺，施工单位必须在施焊前按设计要求和有关规定进行焊接试验，并应根据试验结果编制焊接工艺指导书；

②焊工必须按规定经相关部门考试合格后持证上岗，并应根据经过评定的焊接工艺指导书施焊；

③在沟槽内焊接时，应采取有效技术措施，保证管道底部的焊缝质量。

在管道安装前，管节应逐根测量、编号。宜选用管径相差最小的管节组对对接。下管前应先检查管节的内外防腐层，合格后方可下管。管节组成管段下管时，管段的长度、吊距应根据管径、壁厚、外防腐层材料的种类及下管方法确定。弯管起弯点至接口的距离不得小于管径，且不得小于 100 mm。

管节组对焊接时应先修口、清根。管端端面的坡口角度、钝边、间隙，应符合设计要求，设计无要求时应符合相关规定；不得在对口间隙夹焊帮条或用加热法缩小间隙施焊。对口时应使内壁齐平，错口的允许偏差应为壁厚的 20%，且不得大于 2 mm。

不同壁厚的管节对口时，管壁厚度相差不宜大于 3 mm。不同管径的管节相连，两管径相差大于小管管径的 15%时，可用渐缩管连接。渐缩管的长度不应小于两管径差值的 2 倍，且不应小于 200 mm。

对口时纵、环向焊缝的位置应符合下列规定：

①纵向焊缝应放在管道中心垂线上半圆的 45°左右处；

②纵向焊缝应错开，管径小于 600 mm 时，错开的间距不得小于 100 mm；管径大于或等于 600 mm 时，错开的间距不得小于 300 mm；

③有加固环的钢管，加固环的对焊焊缝应与管节纵向焊缝错开，其间距不应小于 100 mm，加固环距管节的环向焊缝不应小于 50 mm；

④环向焊缝距支架净距离不应小于 100 mm；

⑤直管管段两相邻环向焊缝的间距不应小于 200 mm，并不应小于管节的外径；

⑥管道任何位置都不得有十字形焊缝。

在管道上开孔应符合下列规定：

①不得在干管的纵向、环向焊缝处开孔；

②管道上任何位置不得开方孔；

③不得在短节上或管件上开孔；

④开孔处的加固补强应符合设计要求。

在寒冷或恶劣环境下焊接应符合下列规定：

①清除管道上的冰、雪、霜等；

②工作环境的风力大于 5 级，雪天或相对湿度大于 90%时，应采取保护措施；

③焊接时，应使焊缝可自由伸缩，并应使焊口缓慢降温；

④冬季焊接时，应根据环境温度进行预热处理。

钢管对口检查合格后，方可进行接口定位焊接。定位焊接采用点焊时，应符合下列规定：

①点焊焊条应采用与接口焊接相同的焊条；

②点焊时，应对称施焊，其焊缝厚度应与第一层焊接厚度一致；

③钢管的纵向焊缝及螺旋焊缝处不得点焊；

④点焊长度与间距应符合表 5-3 的规定。

表 5-3 点焊长度与间距

管外径（mm）	点焊长度（mm）	环向点焊点
350～500	50～60	5 处
600～700	60～70	6 处
≥800	80～100	点焊间距不宜大于 400 mm

焊接方式应符合设计和焊接工艺评定的要求。管径大于 800 mm 时，应采用双面焊。

管道对接时，环向焊缝的检验应符合下列规定：

①检查前应清除焊缝的渣皮、飞溅物；

②应在无损检测前进行外观质量检查；

③无损探伤检测方法应按设计要求选用；

④无损检测取样数量与质量应按设计要求执行，设计无要求时，压力管道的取样数量应不小于焊缝量的 10%；

⑤不合格的焊缝应返修，返修次数不得超过 3 次。

钢管采用螺纹连接时，管节的切口断面应平整，偏差不得超过一扣；丝扣应光洁，不得有毛刺、乱扣、断扣，缺扣总长不得超过丝扣全长的 10%；接口紧固后宜露出 2～3 扣螺纹。

管道采用法兰连接时，应符合下列规定：

①法兰应与管道保持同心，两法兰间应平行；

②螺栓应使用相同规格，且安装方向应一致，螺栓应对称紧固，紧固好的螺栓应露出螺母之外；

③与法兰接口两侧相邻的第一至第二个刚性接口或焊接接口，待法兰螺栓紧固后方可施工；

④法兰接口埋入土中时，应采取防腐措施。

（三）钢管内外防腐

管体的内外防腐层宜在工厂内完成，现场连接的补口按设计要求处理。

液体环氧涂料内防腐层在施工前应具备以下条件：

①宜采用喷（抛）射除锈，除锈等级应不低于《涂覆涂料前钢材表面处理 表面清洁度的目视评定 第1部分：未涂覆过的钢材表面和全面清除原有涂层后的钢材表面的锈蚀等级和处理等级》（GB/T 8923.1—2011）中规定的 Sa2 级；内表面经喷（抛）射处理后，应用清洁、干燥、无油的压缩空气将管道内部的砂粒、尘埃、锈粉等微尘清除干净；

②管道内表面处理后，应在钢管两端 60～100 mm 处涂刷硅酸锌或其他可焊性防锈涂料，干膜厚度为 20～40 μm。

内防腐层施工应符合下列规定：

①应按涂料生产厂家产品说明书的规定配制涂料，不宜加稀释剂；

②涂料使用前应搅拌均匀；

③宜采用高压无气喷涂工艺，在工艺条件受限时，可采用空气喷涂或挤涂工艺；

④应调整好工艺参数且稳定后，方可正式涂敷，防腐层应平整、光滑，无流挂、无划痕等，涂敷过程中应随时监测湿膜厚度；

⑤环境相对湿度大于 85%时，对钢管除湿后方可作业，严禁在雨、雪、雾及风沙等气候条件下露天作业。

石油沥青涂料外防腐层施工应符合下列规定：

①涂底料前管体表面应清除油垢、灰渣、铁锈，人工除氧化皮、铁锈时，其质量标准应达 St3 级，喷砂或化学除锈时，其质量标准应达 Sa2.5 级；

②涂底料时基面应干燥，基面除锈后与涂底料的间隔时间不得超过 8 h，涂刷应均匀、饱满，涂层不得有凝块、起泡现象，底料厚度宜为 0.1～0.2 mm，

管两端 150～250 mm 内不得涂刷；

③沥青涂料熬制温度宜在 230 ℃左右，最高温度不得超过 250 ℃，熬制时间宜控制在 4～5 h，每锅料应抽样检查，其性能应符合表 5-4 的规定；

表 5-4　石油沥青涂料性能

项目	软化点（环球法）	针入度（25 ℃、100 g）	延度（25 ℃）
性能指标	≥125 ℃	5～20（1/10 mm）	≥10 mm

④沥青涂料应涂刷在洁净、干燥的底料上，常温下刷沥青涂料，应在涂底料后 24 h 之内实施，沥青涂料涂刷温度以 200～230 ℃为宜；

⑤涂沥青后应立即缠绕玻璃布，玻璃布的压边宽度应为 20～30 mm，接头搭接长度应为 100～150 mm，各层搭接接头应相互错开，玻璃布的油浸透率应在 95%以上，不得出现大于 50 mm×50 mm 的空白，管端或施工中断处应留出长 150～250 mm 的缓坡型搭茬；

⑥包扎聚氯乙烯膜保护层时，不得有褶皱、脱壳现象，压边宽度应为 20～30 mm，搭接长度应为 100～150 mm；

⑦沟槽内管道接口处施工，应在焊接、试压合格后进行，接茬处应黏结牢固、严密。

环氧煤沥青外防腐层施工应符合下列规定：

①管节表面应符合相关规定，焊接表面应光滑无刺、无焊瘤、棱角；

②应按产品说明书的规定配制涂料；

③底料应在表面除锈合格后尽快涂刷，空气湿度过大时应立即涂刷，涂刷应均匀，不得漏涂，管两端 100～150 mm 内不涂刷，或在涂底料之前，在该部位涂刷可焊涂料或硅酸锌涂料，干膜厚度不应小于 25 μm；

④面料涂刷和包扎玻璃布，应在底料表面干后、固化前进行，底料与第一道面料涂刷的间隔时间不得超过 24 h。

雨季、冬季石油沥青及环氧煤沥青涂料外防腐层施工应符合下列规定：

①环境温度低于 5 ℃时，不宜采用环氧煤沥青涂料，采用石油沥青涂料时，应采取冬季施工措施，环境温度低于－15 ℃或相对湿度大于 85%时，未采取措施不得进行施工；

②不得在雨、雾、雪或 5 级以上大风环境中露天施工；

③已涂刷石油沥青防腐层的管道，炎热天气下不宜直接被阳光照射，冬季气温等于或低于沥青涂料脆化温度时，不得起吊、运输和铺设，脆化温度试验应符合现行国家标准《石油沥青脆点测定法·弗拉斯法》（GB/T 4510—2017）的规定。

二、球墨铸铁管安装

管节及管件的规格、尺寸公差、性能应符合国家有关标准规定和设计要求，进入施工现场时其外观质量应符合下列规定。

管节及管件表面不得有裂纹，不得有妨碍使用的凹凸不平的缺陷。采用橡胶圈柔性接口的球墨铸铁管，承口的内工作面和插口的外工作面应光滑、轮廓清晰，不得有影响接口密封性的缺陷。

管节及管件下沟槽前，应清除承口内部的油污、飞刺、铸砂及凹凸不平的铸瘤；柔性接口铸铁管及管件承口的内工作面、插口的外工作面应修整光滑，不得有沟槽、凸脊等缺陷；有裂纹的管节及管件不得使用。

沿直线安装管道时，宜选用管径公差组合最小的管节组对连接，接口的环向间隙应均匀。采用滑入式或机械式柔性接口时，橡胶圈的质量、性能、细部尺寸应符合国家有关球墨铸铁管及管件标准的规定。

橡胶圈安装经检验合格后，方可进行管道安装。安装滑入式橡胶圈接口时，推入深度应达到标记环，并复查与其相邻的已安装好的第一至第二个接口推入深度。安装机械式柔性接口时，应使插口与承口法兰压盖的轴线相重合；螺栓安装方向应一致，用扭矩扳手均匀、对称地紧固。

三、PCCP

（一）PCCP 运输、存放及现场检验

1.PCCP 装卸

装卸 PCCP 的起重机必须具有一定的强度，严禁超负荷或在不稳定的工况下进行起吊装卸，管子起吊采用兜身吊带或专用的起吊工具，严禁采用穿心吊，起吊索具要用柔性材料包裹，避免碰损管子。装卸过程始终坚持轻装轻放的原则，严禁溜放或用推土机、叉车等直接碰撞和推拉管子，不得抛、摔、滚、拖管子。管子起吊时，管中不得有人，管下不准有人逗留。

2.PCCP 装车运输

管子在装车运输时应采取必需的防止振动、碰撞、滑移的措施，在车上设置支座或在枕木上固定木楔以稳定管子，并与车厢绑扎牢固，避免出现超高、超宽、超重等情况。另外，在运输管子时，对管子的承插口要进行妥善的包扎保护，管子上面或里面禁止装运其他物品。

3.PCCP 存放

PCCP 只能单层存放，不允许堆放。长期（1 个月以上）存放时，必须采取适当的保护措施。存放时要保持出厂横立轴的正确摆放，不得随意变换位置。

4.PCCP 现场检验

到达现场的 PCCP 必须附有出厂说明书。凡标志技术条件不明、技术指标不符合标准规定或设计要求的管子不得使用。说明书至少应包括如下资料：

①交付前钢材及钢丝的实验结果；

②用于管道生产的水泥及骨料的实验结果；

③每一钢筒试样检测结果；

④管芯混凝土及保护层砂浆试验结果；

⑤成品管三边承载试验及静水压力试验报告；

⑥配件的焊接检测结果和砂浆、环氧树脂涂层或防腐涂层的证明材料。

管子在安装前必须逐根进行外观检查：检查 PCCP 尺寸公差，如椭圆度、断面垂直度、直径公差和保护层公差，应符合现行国家质量验收标准规定；检查承插口有无碰损、外保护层有无脱落等，发现裂缝、保护层脱落、空鼓、接口掉角等缺陷，在规范允许范围内，使用前必须修补，并经鉴定合格后方可使用。

PCCP 安装采用的橡胶密封圈材质必须符合规定。橡胶圈形状为 O 形，使用前必须逐个检查，表面不得有气孔、裂缝、重皮、平面扭曲、肉眼可见的杂质及有碍使用和影响密封效果的缺陷。生产 PCCP 的厂家必须提供橡胶圈满足规范要求的质量合格报告及对饮用水无害的证明材料。

规范规定公称直径大于 1 400 mm 的 PCCP 允许使用有接头的密封圈，但接头的性能不得低于母材的性能标准，可现场抽取 1%进行接头强度试验。

（二）PCCP 的吊装就位及安装

1.PCCP 施工原则

在坡度较大的斜坡区域安装 PCCP 时，按照由下至上的方向施工，先安装坡底管道，顺序向上安装坡顶管道，注意将管道的承口朝上，以便于施工。根据标段内的管道沿线地形的坡度起伏情况，施工时分段、分区开设多个工作面，同时进行各段管道安装。

现场对 PCCP 逐根进行承插口配管量测，按照长短轴对正的方式进行安装。严禁将管子向沟底自由滚放，采用机具下管尽量减少沟槽上机械的移动和管子在管沟基槽内的多次搬运移动。吊车下管时应注意吊车位置及沟槽边坡的稳定性。

2.PCCP 吊装就位

PCCP 的吊装就位，可根据管径、周边地形、交通状况及沟槽的深度、工期要求等条件综合考虑，选择施工方法。只要施工现场具备吊车站位的条件，就应采用吊车吊装就位。用两组倒链和钢丝绳将管子吊至沟槽内，用手扳葫芦配合吊车，对管子进行上下、左右调整，通过下部垫层、三角枕木和垫板使管子就位。

3.管道及接头的清理、润滑

安装前先清扫管子内部，清除插口和承口圈上的全部灰尘、泥土及异物。胶圈套入插口凹槽之前，先分别在插口圈外表面、承口圈的整个内表面和胶圈上涂抹润滑剂，胶圈滑入插口槽后，在胶圈及插口环之间插入一根光滑的杆，并将该杆绕接口圈两周（两个方向各一周），使胶圈紧紧地绕在插口上，形成一个非常好的密封面，然后再在胶圈上薄薄地涂上一层润滑剂。所使用的润滑剂必须是植物性的或经厂家同意的替代型润滑剂，不能使用油基润滑剂。油基润滑剂会损害橡胶圈，因此不能使用。

4.管子对口

管道安装时，将刚吊下的管子的插口与已安装好的管子的承口对中，使插口正对承口。采用手扳葫芦外拉法将刚吊下的管子的插口缓慢而平稳地滑入前一根已安装的管子的承口内就位，管口连接时作业人员事先进入管内，往两管之间塞入挡块，控制两管之间的安装间隙，使其保持在 20～30 mm，同时也避免承插口环发生碰撞。特别注意管子顺直对口时使插口端和承口端保持平行，并使圆周间隙大致相等，以期准确就位。

注意勿让泥土、污物落到已涂润滑剂的插口圈上。管子对接后及时检查胶圈位置。检查时，用一自制的柔性弯钩插入插口凸台与承口表面之间，并绕接缝转一圈，以确保整个接口都能接触到胶圈，如果接口完好，就可拿掉挡块，将管子拉拢到位。如果某一部位接触不到胶圈，就要拉开接口，仔细检查胶圈有无切口、凹穴或其他损伤。如有问题，必须重新换一只胶圈，并重新连接。每节 PCCP 安装完成后，应细致地校验管道位置和高程，确保安装质量。

5.接口打压

PCCP 的承插口采用双胶圈密封，管子对口完成后，需要对每一处接口做水压试验。在插口的两道密封圈中间可预留 10 mm 的螺孔作为试验接口，试水时拧下螺栓，将水压试水机与其连接，注水加压。为防止管子在接口水压试验时发生位移，相邻两管可用工具固定。

6.接口外部灌浆

为保护外露的钢承插口不被腐蚀，需要在管接口外侧进行灌浆或人工抹浆。具体做法如下。

①在接口的外侧裹一层麻布、塑料编织带或油毡纸（15～20 cm 宽）作模，并用细铁丝将两侧扎紧，上面留有灌浆口，在接口间隙内放一根铁丝，以备灌浆时来回牵动，以使砂浆密实。

②用配比合理的水泥砂浆调制成流态状，将砂浆灌满绕接口一圈的灌浆带，来回牵动铁丝，使砂浆从另一侧冒出，再用干硬性混合物抹平灌浆带顶部的敞口，保证管底接口密实。第一次仅浇灌至灌浆带底部 1/3 处就进行回填，以便使整条灌浆带灌满砂浆时起支撑作用。

7.接口内部填缝

接口内凹槽用配比合理的水泥砂浆进行勾缝，并抹平管道接口内表面，使之与管内壁平齐。

8.过渡件连接

阀门、排气阀或钢管等为法兰接口时，过渡件与其连接端必须采用相应的法兰接口。其法兰螺栓孔位置及直径必须与连接端的法兰一致，其中垫片或垫圈位置必须正确。拧紧时按对称位置相间进行，防止拧紧过程中产生的轴向拉力导致两端管道拉裂或接口拉脱。

采用承插式接口连接不同材质的管材时，过渡件与其连接端必须采用相应的承插式接口，其承口内径或插口外径及密封圈规格等必须符合连接端承口和插口的要求。

四、玻璃钢管

（一）管材

管节及管件的规格、性能应符合国家有关标准的规定和设计要求，进入施工现场时其外观质量应符合下列规定：

①内、外径偏差，承口深度（安装标记环），以及有效长度、管壁厚度、管端面垂直度等应符合产品标准规定；

②内、外表面应光滑平整，无划痕、分层、针孔、杂质、破碎等现象；

③管端面应平齐、无毛刺等缺陷；

④橡胶圈应符合相关规定。

（二）接口连接、管道安装

接口连接、管道安装应符合下列规定：

①采用套筒式连接的，应清除套筒内侧和插口外侧的污渍和附着物；

②管道安装就位后，套筒式或承插式接口周围不应有明显变形和胀破；

③施工过程中应防止管节受损伤，避免内表层和外保护层剥落；

④对检查井、透气井、阀门井等附属构筑物或水平折角处的管节，应采取措施，避免不均匀沉降造成接口转角过大的现象；

⑤混凝土或砌筑结构等构筑物墙体内的管节，可采取设置橡胶圈或中介层等措施，管外壁与构筑物墙体的交界面应密实、不渗漏。

（三）管道曲线铺设

管道曲线铺设时，接口的允许转角不得大于相关规定。

（四）管沟垫层与回填

沟槽深度由垫层厚度、管区回填土厚度、非管区回填土厚度组成。管区回填土厚度分为主管区回填土厚度和次管区回填土厚度。管区回填土一般为素土，含水率为17%（土用手攥成团为准）。主管区应在管道安装后尽快回填，次管区回填的工作是在施工验收时完成的，也可以一次连续完成。

工程地质条件是施工的必要条件，也是管道设计时需要了解的重要数据，必须认真勘查。为了确定开挖的土方量，要估算回填的材料量，以便于安排运输和备料。

（五）沟槽、沟底与垫层

沟槽宽度要使夯实机具便于操作。地下水位较高时，应先进行排水，以保证回填后管道基础不会扰动，避免造成管道承插口变形或管体折断。

沟底土质要满足作填料的土质要求，不应含有岩石、卵石、软质膨胀土、不规则碎石和浸泡土。注意沟底应连续、平整，用水准仪根据设计标高找平，管底不准有砖块、石头等杂物，不应超挖（承插接头部位除外），并清除沟上可能掉落的物体，以免砸坏管子。沟底夯实后做10～15 cm厚的砂垫层，采用中粗砂或碎石屑均可。为安装方便，承插口下部要预挖30 cm作坑。下管应采用尼龙带或麻绳双吊点吊管，将管子轻轻放入管沟，管子承口朝来水方向，管线安装方向用经纬仪控制。

为了方便接头正常安装，同时避免接头承受管道的重量。施工完成后，经回填和夯实，要使管道形成连续支撑。

（六）管道支墩

设置支墩的目的是有效地支撑管内水压力产生的推力。支墩应用混凝土包围管件，但管件两端连接处要留在混凝土墩外，便于连接和维护。也可以用混凝土做支墩座。预埋管卡子固定管件，其目的是使管件位移后不脱离密封圈连接。固定支墩一般用于弯管三通、变径管处。

止推应力墩也称挡墩，同样可以承受管内产生的推力。该墩要完全包围住管道。止推应力墩一般使用在偏心三通、侧生 Y 型管、Y 型管、受推应力的特殊备件处。

为防止闸门关闭时产生的推力传递到管道上，可在闸门井壁设置固定装置或采用其他形式的固定闸门，这样可大大减轻对管道的推力。

设支撑座可避免管道产生不正常变形；分层浇灌可使每层水泥有足够的时间凝固。

如果管道连接处有不同程度的位移，就会造成过度弯曲。对刚性连接应采取以下措施：第一，将接头浇筑在混凝土墩的出口处，这样可使外面的第一根管段有足够的活动自由度；第二，用橡胶包裹住管道，以弱化硬性过渡点。

对于柔性接口的管道，当纵坡大于 15°时，自下而上地安装可防止管道下滑、移动。

（七）管道连接

管道的连接质量实际反映了管道系统的质量，关系到管道是否能正常工作。无论采取哪种管道连接形式，都必须保证有足够的强度和刚度，并具有一定的缓解轴向力的能力，而且安装要方便。

承插连接具有制作方便、安装速度快等优点。插口端与承口变径处留有一定空隙，是为了防止温度变化产生过大的温度应力。胶合刚性连接适用于地基比较软和地上活动荷载较大的地带。

当连接两个法兰时，只要一个法兰上有 2 条水线即可。在拧紧螺栓时应交叉循序渐进，避免一次用力过大损坏法兰。

机械连接活接头有易被腐蚀的缺点，所以往往做成外层有环氧树脂或塑料作保护层的钢壳、不锈钢壳、热浸镀锌钢壳。应注意控制螺栓的扭矩，不要过度扭紧而损坏管道。

机械钢接头是一种柔性连接。由于土壤对钢接头腐蚀严重，故应注意防腐。多功能连接活接头主要用于连接支管、仪表等，这样管道中途投药时比较灵活方便。

（八）沟槽回填与回填材料

管道和沟槽回填材料构成统一的"管道-土壤系统"，沟槽的回填与安装同等重要。管道在埋设安装后，土壤的重力和活荷载在很大程度上取决于管道两侧土壤的支撑力。土壤对管壁水平运动（挠曲）的这种支撑力受土壤类型、密度和湿度影响。为了防止管道挠曲过大，必须采用加大土壤阻力、提高土壤支撑力的办法。热变形是指管道由于安装时的温度与长时间裸露暴晒温度存在差异而导致的变形，这将造成接头处封闭不严。

回填材料可以加大土壤阻力，提高土壤支撑力，所以管区的回填埋设和夯实对控制管道径向挠曲是非常重要的，在管道运行中也是关键环节，所以必须正确进行。

第一次回填由管底回填至 0.7DN 处，尤其是管底拱腰处，一定要捣实；第二次回填到管区回填土厚度即 0.3DN＋300 mm 处，最后原土回填。

分层回填夯实是为了有效地达到要求的夯实密度，使管道有足够的支撑作用。砂的夯实有一定难度，所以每层应控制在 150 mm 以内。当砂质回填材料接近其最佳湿度时，夯实最易完成。

（九）管道系统冲洗消毒与验收

1.冲洗消毒

冲洗是以不小于 1 m/s 的水流清洗管道，经有效氯浓度不低于 20 mg/L 的清洁水浸泡 24 h 后冲洗，可以达到去除细菌和有机物污染的目的，使管道投入使用后输送的水质符合相关标准。

2.玻璃钢管道的试压

管道安装完毕后，应按照设计规定对管道系统进行压力试验。根据试验的目的，可以分为检查管道系统机械性能的强度试验和检查管路连接情况的密封性试验。按试验时使用的介质，可分为水压试验和气压试验。

玻璃钢管道试压的一般规定如下。

①强度试验通常用洁净的水或设计规定用的介质，用空气或惰性气体进行密封性试验。

②各种化工工艺管道的试验介质，应符合设计规定的具体要求。工作压力不低于 0.07 MPa 的管路一般采用水压试验，工作压力低于 0.07 MPa 的管路一般采用气压试验。

③玻璃钢管道密封性试验的试验压力一般为管道的工作压力。

④玻璃钢管道强度试验的试验压力一般为工作压力的 1.25 倍，但不得大于工作压力的 1.5 倍。

⑤压力试验所用的压力表和温度计必须符合技术监督部门的规定。工作压力以下的管道进行气压试验时，可采用含水银或水的 U 形玻璃压力计，但刻度必须准确。

⑥管道在试压前不得进行油漆和保温，以便对管道进行外观和泄漏检查。

⑦当压力达到试验压力时，停止加压，观察 10 min，压力下降幅度不大于 0.05 Mpa，管体和接头处无可见渗漏即可，然后压力降至工作压力，稳定 120 min，并进行外观检查，不渗漏为合格。

⑧试验过程中，如遇泄漏，不得带压修理。修理后，应重新进行试压。

五、PE 管

（一）管材

管节及管件的规格、性能应符合国家有关标准的规定和设计要求，进入施工现场时其外观质量应符合下列规定：

①不得有影响结构安全、使用功能及接口连接的质量缺陷；

②内、外壁光滑、平整，无气泡、无裂纹、无脱皮和严重的冷斑及明显的痕纹、凹陷；

③管节不得有异向弯曲，端口应平整；

④橡胶圈应符合规范规定。

（二）管道铺设

管道铺设应符合下列规定：

①采用承插式（或套筒式）接口时，宜人工布管且在沟槽内连接，槽深大于 3 m 或管外径大于 400 mm 的管道，宜用非金属绳索兜住管节下管，严禁将管节翻滚抛入槽中；

②采用电熔、热熔接口时，宜在沟槽边上将管道分段连接后以弹性铺管法移入沟槽，移入沟槽时，管道表面不得有明显的划痕。

（三）管道连接

管道连接应符合下列规定。

①采用承插式柔性连接、套筒（带或套）连接、法兰连接、卡箍连接等方法用到的密封件、套筒件、法兰、紧固件等配套管件，必须由管节生产厂家配套供应；电熔连接、热熔连接应采用专用电气设备和工具进行施工。

②管道连接时必须将连接部位、密封件、套筒等配件清理干净，套筒（带

或套）连接、法兰连接、卡箍连接用的钢制套筒、法兰、卡箍、螺栓等金属制品应根据现场土质并参照相关标准采取防腐措施。

③承插式柔性接口连接宜在当日温度较高时进行，插口端不宜插到承口底部，应留出不小于 10 mm 的伸缩空隙，插入前应在插口端外壁对插入深度进行标记；插入完毕后，承插口周围应留有均匀空隙，连接的管道应平直。

④电熔连接、热熔连接、套筒（带或套）连接、法兰连接、卡箍连接应在当日温度较低或接近最低时进行；电熔连接、热熔连接时电热设备的温度控制、时间控制，挤出焊接时对焊接设备的操作等，必须严格按接头的技术指标和设备的操作程序进行；接头处应有沿管节圆周平滑对称的外翻边，内翻边应铲平。

⑤管道与井室宜采用柔性连接，连接方式应符合设计要求；设计无要求时，可采用承插管件连接或设置中介层的方法。

⑥管道系统设置的弯头、三通，变径处应采用混凝土支墩或金属卡箍拉杆等技术措施；在消火栓及闸阀的底部应加垫混凝土支墩；非锁紧型承插连接管道，每根管节都应有固定措施。

⑦安装完的管道，中心线及高程调整合格后，即用中粗砂将管底有效支撑角的作用范围回填密实，不得用土或其他材料回填。

（四）管材和管件的验收

管材和管件应具有质量检验部门的质量合格证，并应有明显的标志，注明生产厂家和规格。包装上应标有批号、生产日期和检验代号。

管材和管件的外观质量应符合下列规定：

①管材与管件的颜色应一致，无色泽不均及分解变色线；

②管材和管件的内外壁应光滑、平整，无气泡、裂口、裂纹、脱皮和严重的冷斑及明显的痕纹、凹陷；

③管材轴向不得有异向弯曲，其直线度偏差应小于 1%，管材端口必须平整并垂直于管轴线；

④管件应完整，无缺损、变形，合模缝、浇口应平整，无开裂现象；

⑤管材在同一截面内的壁厚偏差不得超过 14%，管件的壁厚不得小于相应管材的壁厚；

⑥管材和管件的承插结合面必须平整，尺寸准确。

（五）管材和管件的存放

管材应按不同的规格分别堆放；DN25 以下的管子可进行捆扎，每捆长度应一致，且重量不宜超过 50 kg；管件应按不同品种、规格分别装箱。

搬运管材和管件时，应小心轻放，严禁剧烈撞击、与尖锐物品碰撞、抛摔滚拖；管材和管件应存放在通风良好、温度不超过 40 ℃的库房或简易棚内，不得露天存放，距离热源 1 m 以上。

管材应水平堆放在平整的支垫物上，支垫物的宽度不应小于 75 mm，间距不大于 1 m，管子两端外悬不超过 0.5 m，堆放高度不得超过 1.5 m。管件逐层码放，不得叠置过高。

（六）安装的一般规定

管道连接前，应对管材和管件及附属设备按设计要求进行核对，并应在施工现场进行外观检查，符合要求方可使用。主要检查项目包括耐压等级、外表面质量、配合质量、材质的一致性等。

应根据不同的接口形式采用相应的专用加热工具，不得使用明火加热管材和管件。

采用熔接方式相连的管道，宜采用同种型号、材质的管材和管件，对于性能相似的管材和管件，必须先经过试验，合格后方可使用。在寒冷气候（−5 ℃以下）和大风环境条件下连接管道时，应采取保护措施或调整连接工艺。

管材和管件应在施工现场放置一定的时间后再连接，以使管材和管件温度一致。管道连接时管端应保持洁净，每次收工时管口应临时封堵，防止杂物进入管内。管道连接后应进行外观检查，不合格者马上返工。

（七）热熔连接

1.热熔承插连接

热熔承插连接是将管材外表面和管件内表面同时无旋转地插入熔接器的模头中加热数秒，然后迅速撤去熔接器，把已加热的管子快速地垂直插入管件，然后保压、冷却的过程。一般用于 4 英寸（1 英寸≈2.54 cm）以下小口径塑料管道的连接。

连接流程：检查→切管→清理接头部位及画线→加热→撤熔接器→找正→管件套入管子并校正→保压、冷却。

检查、切管、清理接头部位及画线的要求和操作方法与 UPVC 管连接类似，但要求管件外径大于管件内径，以保证熔接后形成合适的凸缘。

加热：将管材外表面和管件内表面同时无旋转地插入熔接器的模头中（已预热到设定温度）加热数秒，加热温度为 260 ℃。

插接：管材管件加热到规定的时间后，迅速从熔接器的模头中拔出并撤去熔接器，快速找正方向，将管件套入管端至画线位置，套入过程中若发现歪斜应及时校正。找正和校正可利用管材上所印的线条和管件两端面上呈十字形的四条刻线作为参考。

保压、冷却：冷却过程中，不得移动管材或管件，完全冷却后才可进行下一个接头的连接操作。

2.热熔对接连接

热熔对接连接是将与管轴线垂直的两管子对应端面与加热板接触，使之加热熔化，撤去加热板后，迅速将熔化端压紧，并保压至接头冷却，从而连接管子。这种连接方式不需要管件，连接时必须使用对接焊机。

其连接步骤如下：装夹管子→铣削连接面→加热端面→撤加热板→对接→保压、冷却。

　　将待连接的两管子分别装夹在对接焊机的两侧夹具上，管子端面应伸出夹具 20～30 mm，并调整两管子，使其在同一轴线上，管口错边不宜大于管壁厚度的 10%。

　　用专用铣刀同时铣削两端面，使其与管轴线垂直，使连接面相吻合；铣削后用刷子、棉布等工具清除管子内外的碎屑、污物。

　　当加热板的温度达到设定温度后，将加热板插入两端面间，同时加热熔化两端面。加热温度和加热时间按对接工具生产厂或管材生产厂的规定，加热完毕，快速撤出加热板。接着操纵对接焊机使其中一根管子移动至两端面完全接触并形成均匀凸缘，保持适当压力，直到连接部位冷却到室温为止。

第六章 水利工程施工管理

第一节 水利工程施工成本控制

水利工程施工成本控制是水利工程施工生产过程中以降低工程成本为目标，对成本的形成所进行的预测、计划、控制、核算、分析等一系列管理工作的总称。水利工程施工成本是水利工程施工工作质量的综合性指标。显然，施工单位按照标价承担一项工程任务后，如果不能将工程成本控制在合同价格以内，就会亏损。所以施工成本控制是国内外承包企业签署承包工程合同以后要进行的一项极为重要的工作。

一、水利工程施工成本控制的基础工作

水利工程施工成本控制的基础工作包括以下几个方面。

（一）定额工作

要有一套先进的技术经济定额作为编制施工作业计划、降低成本计划，进行经济核算，掌握人工、材料、机具消耗和控制费用开支的依据。

（二）计量检验

应置办必要的计量器具，建立出、入库检验制度，避免出现估堆、产生量

差等现象。

（三）制定原始记录制度

要有一套简便易行的施工、劳动、料具供应、机械、资金、附属企业生产等方面的原始记录和成本报表制度，包括格式、计算登记、报送时间等方面的规定。

（四）制定内部价格

制定材料、工具的内部计划价格，便于及时计价，进行材料和工具的核算。

（五）编制施工预算

施工预算是内部成本核算、作业计划、签订内部责任合同和签发施工任务单的依据。

（六）编制成本计划

不断降低工程成本，是水利工程施工成本控制的一项重要任务。应按工程预算项目编制工程成本计划，提出降低成本的要求、途径和措施，并层层落实到工区、施工队和班组，向职工提出任务目标，以期完成和超额完成成本计划。

编制工程成本计划要根据水利工程施工任务和降低成本的目标，由企业的计划、技术和财务部门会同有关部门共同负责。

编制程序如下。首先根据水利工程施工任务和降低成本的指标，收集、整理所需要的资料，如上年度计划成本、实际成本。然后，以计划部门为主，财务部门配合，对上述资料进行研究分析，挖掘企业潜力，确定降低成本的目标，再由技术部门会同有关部门共同研究，提出降低成本的技术组织计划，会同行政部门，根据人员定额和费用开支范围，编制管理费用计划。在此基础上，由计划财务部门会同有关部门编制降低成本计划。

值得注意的是，制订水利工程施工成本计划，要明确降低水利工程施工成本的途径，并明确相应的降低工程成本的措施。降低水利工程施工成本的措施一般包括以下几种。

1.加强施工生产管理

合理组织施工生产，正确选择施工方案，进行现场施工成本控制，降低工程施工成本。

2.提高劳动生产率

工程成本的高低取决于生产所消耗的物化劳动与活劳动的数量，取决于技术和组织管理水平。一般建筑工程的工资支出占总成本的 8%～12%。减少工资开支，主要靠提高劳动生产率来实现。劳动生产率的提高有赖于施工机械化程度的提高和技术进步，这是以少量物化劳动取代大量活劳动的结果。所以采用机械化施工和新技术、新工艺，可以取得降低工资支出、降低工程成本的效果。此外，减少活劳动消耗还可以减少与此相关的劳保费、技术安全费、生活设施费，以及与缩短工期有关的施工管理费等费用。

3.节约材料物资

在建筑工程中，材料费用所占比重最大，一般达 60%～70%。所以节约材料消耗对降低工程成本意义重大。节约材料物资消耗的途径有很多，对材料采购、运输、入库、使用以及竣工后部分材料的回收等环节，都要认真对待，加强管理，不断降低材料费用。例如，在采购中，尽量选择质优价廉的材料，做到就地取材，避免远距离运输；合理选择运输供应方式，合理确定库存，注意内外运输衔接，避免二次搬运；合理使用材料，避免大材小用；控制用料，合理使用代用材料和质优价廉的新材料。这些都是节约材料费用的有效途径。

4.提高机械设备利用率，降低机械使用费

随着施工机械化程度的提高，管理好施工机械，提高机械完好率和利用率，充分发挥施工机械的作用是降低施工成本的重要方面。我国的机械利用率相对较低，因此在降低工程成本方面的潜力很大。

5.节约施工管理费

施工管理费占工程成本的 14%～16%，所占比重较大，应本着艰苦奋斗，勤俭办企业的方针，精打细算，节约开支，降低非生产人员的比例。

6.加强技术质量管理

积极推行新技术、新结构、新材料、新工艺，不断提高施工技术水平，保证工程质量，避免和减少返工损失。

二、水利工程施工成本分析

（一）水利工程施工成本因素分析

施工企业在生产过程中，一方面生产建筑产品，同时又为生产这些产品耗费一定数量的人力、物力和财力，各种生产耗费的货币表现，统称为生产费用。工程成本分析，就是通过对施工过程中各项费用的对比与分析，揭露存在的问题，寻找降低工程成本的途径。

工程成本作为一个反映企业施工生产活动耗费情况的综合指标，必然同各项技术经济指标之间存在着密切的联系。技术经济指标完成得好坏，最终会直接或间接地影响工程成本的增减。下面就主要工程技术经济指标变动对水利工程施工成本的影响作简要分析。

1.产量变动对工程成本的影响

工程成本一般可分为变动成本和固定成本两部分。由于固定成本不随产量变化，因此随着产量的提高，各单位工程所分摊的固定成本将相应减少，单位工程成本就会随产量的增加而有所减少。

2.劳动生产率变动对工程成本的影响

提高劳动生产率，是增加产量、降低成本的重要途径。劳动生产率变动对工程成本的影响体现在两个方面：一是产量变动会影响工程成本中的固定成本；二是劳动生产率的变动会直接影响工程成本中的人工费（即变动成本的一部分）。值得注意的是，随着劳动生产率的提高，工人工资也有所提高。因此，在分析劳动生产率的影响时，还需要考虑工资的影响。

3.资源、能源利用程度对工程成本的影响

在水利工程施工中，总是要耗用一定的资源（如原材料等）和能源。尤其是原材料，其成本在工程成本中占有相当大的比重。因此，降低资源、能源的耗用量，对降低工程成本有着重要作用。

4.机械利用率变动对工程成本的影响

机械利用率的高低，并不直接引起成本变动，但会使产量发生变化，通过产量的变动影响单位成本。因此，机械利用率变化也会对工程成本产生影响。

5.工程质量变动对工程成本的影响

工程质量的好坏，既是衡量企业技术和管理水平的重要标志，也是影响产量和成本的重要原因。质量提高，返工减少，既能加快施工速度，促进产量增加，又能节约材料、人工、机械和其他费用，从而降低工程成本。水利工程虽不设等级，但存在返工、修补、加固等要求。返工次数和每次返工所需的人工、机械、材料费等越多，对工程成本的影响越大。因此，一般用返工损失金额来综合反映工程成本的变化。

6.技术措施变动对工程成本的影响

在水利工程施工过程中，施工企业应尽量发挥潜力，采用先进的技术措施，这不仅是企业发展的需要，也是降低工程成本最有效的手段。

7.施工管理费变动对工程成本的影响

施工管理费对工程成本有较大的影响，如能通过精简机构，提高管理工作质量和效率，节省开支。

（二）水利工程施工成本综合分析

水利工程施工成本综合分析，就是从总体上对企业成本计划的执行情况进行较为全面的总体分析。在经济活动分析中，一般把工程成本分为三种：预算成本、计划成本和实际成本。

1.预算成本

预算成本一般为施工图预算所确定的工程成本；在实行招标承包工程中，一般为工程承包合同价款减去利润后的成本，因此又称为承包成本。

2.计划成本

计划成本是在预算成本的基础上，根据成本降低目标，结合本企业的技术组织措施、计划和施工条件等所确定的成本。计划成本是企业降低生产消耗费用的奋斗目标，也是企业成本控制的基础。

3.实际成本

实际成本是指企业在完成建筑安装工程施工中实际发生费用的总和，是反映企业经济活动效率的综合性指标。计划成本与预算成本之差即为成本计划降低额；实际成本与预算成本之差即为成本实际降低额。将实际成本降低额与计划成本降低额作比较，可以考察企业降低成本的执行情况。

工程成本的综合分析，一般可分为以下三种情况：

①将实际成本与计划成本进行比较，以检查降低成本计划的完成情况和各成本项目降低和超支情况；

②对企业内各单位之间进行比较，从而找出差距；

③将本期与前期进行比较，以便分析成本管理的执行情况。

在进行成本分析时，既要看成本降低额，又要看成本降低率。成本降低率是相对数，便于进行比较，算出成本降低水平。

（三）水利工程施工成本偏差分析方法

1.横道图法

用横道图法进行施工成本偏差分析，是用不同的横道标识已完工程计划施工成本、拟完工程计划施工成本和已完工程实际施工成本，横道的长度与其金额成正比例。横道图法的优点是形象、直观、一目了然。但是，这种方法反映的信息量少，一般用于项目的决策分析。

2.表格法

表格法是进行偏差分析最常用的一种方法，它具有灵活、适用性强、信息量大、便于计算机辅助施工成本控制等特点，如表6-1所示。

表6-1 投资偏差分析表

拟完工程计划投资	计划单价×拟完工程量
已完工程计划投资	计划单价×已完工程量
已完工程实际投资	已完工程量×实际单价＋其他款项
投资局部偏差	已完工程实际投资－已完工程计划投资
投资局部偏差程度	已完工程实际投资/已完工程计划投资
投资累计偏差	投资局部偏差之和
投资累计偏差程度	已完工程实际投资之和/投资局部偏差之和
进度局部偏差	拟完工程计划投资－已完工程计划投资
进度局部偏差程度	拟完工程计划投资/已完工程计划投资
进度累计偏差	进度局部偏差之和
进度累计偏差程度	拟完工程计划投资之和/已完工程计划投资之和

此外，还有曲线法等，在此不再一一分析。

三、水利工程施工成本控制的程序

水利工程施工成本控制的目的是确保施工成本目标的实现，合理地确定施工项目成本控制目标值，包括项目的总目标值、分目标值、各细目标值。如果没有明确的施工成本控制目标，就无法进行项目施工成本实际支出值与目标值的比较，不能进行比较也就不能找出偏差，不知道偏差程度，就会使控制措施缺乏针对性。在确定施工成本控制目标时，应有科学的依据。如果施工成本目标值与人工单价、材料预算价格、设备价格及各项有关费用和各种取费标准不相适应，那么施工成本控制目标便没有实现的可能，则成本控制也是徒劳的。水利工程施工成本控制的程序如下。

第一，认真研究和分析施工方法、施工顺序、作业组织形式、机械设备的选型、技术组织措施等，制订出科学先进、经济合理的施工方案。

第二，根据企业下达的成本目标，以实际工程量或工作量为基础，根据消耗标准（如我国的基础定额、企业的施工定额）和技术组织的节约计划，在优化的施工方案的指导下，编制明细而具体的成本计划，将成本责任落实到各职能部门、施工队。

第三，根据项目施工期的长短和参加工程人数的多少，编制间接费预算，并进行明细分解，落实到有关部门，为成本控制和绩效考评提供依据。

第四，加强施工任务和限额领料的管理。施工任务应与工序结合起来，做好每一个工序的验收（包括实际工程量的验收和工作内容、进度、质量要求等综合验收评价），以及实耗人工、实耗机械台班、实耗材料的数量核对，以保证施工任务和限额领料信息的正确，为成本控制提供真实、可靠的数据。

第五，根据施工任务进行实际与计划的对比，计算工程中的成本差异，分析差异产生的原因，并采取有效的纠偏措施。

第六，做好检查周期内成本原始资料的收集、整理工作，正确计算各工作阶段的成本，并做好已完成工序实际成本的统计工作，分析该检查期内实际成本与计划成本的差异。

第七，在上述工作的基础上，实行责任成本核算，并与责任成本进行对比，分析成本差异和产生差异的原因，采取措施缩小和消除差异。

总之，在水利工程施工过程中，施工成本控制是所有施工管理人员必须重视的一项工作，必须依赖各部门、各单位的通力合作，有效地组织成本控制工作，并进行合理分工。

第二节　水利工程施工质量控制

一、水利工程施工质量控制的任务

水利工程施工质量控制的中心任务，是要通过建立健全有效的质量监督工作体系来确保工程质量达到合同规定的标准和等级要求。根据工程质量形成的时间阶段，水利工程施工质量控制可分为施工质量的事前控制、事中控制和事后控制。其中，工作的重点是施工质量的事前控制。

（一）施工质量的事前控制

水利工程施工质量控制的事前控制包括以下内容：

①确定质量标准，明确质量要求；

②建立本项目的质量监督控制体系；

③施工场地质检验收；

④建立、完善质量保证体系；

⑤检查工程使用的原材料、半成品；

⑥施工机械的质量控制；

⑦审查施工组织设计或施工方案。

（二）施工质量的事中控制

水利工程施工质量控制的事中控制包括以下内容：

①施工工艺过程质量控制，现场检查、旁站、量测、试验；

②工序交接检查，坚持上道工序不经检查验收不准进行下道工序的原则，检查合格后，签署认可才能进行下道工序；

③隐蔽工程检查验收；

④做好设计变更及技术核定的处理工作；

⑤工程质量事故处理，分析质量事故的原因、责任，审核、批准处理工程质量事故的技术措施或方案，检查处理措施的效果；

⑥进行质量、技术鉴定；

⑦撰写质量检查日志；

⑧组织现场质量协调会。

（三）施工质量的事后控制

水利工程施工质量控制的事后控制包括以下内容：

①组织试车运转；

②组织单位、单项工程竣工验收；

③组织对工程项目进行质量评定；

④审核竣工图及其他技术文件资料，做好工程竣工验收工作；

⑤整理工程技术文件资料并编目建档。

二、水利工程施工质量控制的途径

在水利工程施工过程中，质量控制主要是通过审核有关文件、报表，以及进行现场检查、试验这两条途径来实现的。

（一）审核有关技术文件、报告或报表

这是对工程质量进行全面监督、检查与控制的重要途径。其具体内容包括以下几个方面：

①审查施工单位的资质证明文件；

②审查开工申请书，检查、核实施工准备工作质量；

③审查施工方案、施工组织设计或施工计划，保证工程施工质量的技术组织措施；

④审查有关材料、半成品和构配件质量证明文件（出厂合格证、质量检验或试验报告等），确保工程质量有可靠的物质基础；

⑤审核反映工序施工质量的动态统计资料或管理图表；

⑥审核有关工序产品质量的证明文件（检验记录及试验报告）、工序交接检查（自检）、隐蔽工程检查，以及分部分项工程质量检查报告等文件、资料，以确保和控制施工过程的质量；

⑦审查有关设计变更、修改设计图纸等，确保设计及施工图纸的质量；

⑧审核有关新技术、新工艺、新材料、新结构等的应用申请报告，确保其应用质量；

⑨审查有关工程质量缺陷或质量事故的处理报告，确保质量缺陷或事故处理的质量；

⑩审查现场有关质量技术签证、文件。

（二）现场质量监督与检查

1.现场质量监督与检查的主要内容

现场质量监督与检查的主要内容包括以下方面。

第一，开工前的检查。主要是检查开工前准备工作的质量，确认其能否保证正常施工及工程施工质量。

第二，工序施工的跟踪监督、检查与控制。主要是监督、检查在工序施工过程中，人员、施工机械设备、材料、施工方法、操作工艺以及施工环境、条件等是否均处于良好的状态，是否符合保证工程质量的要求，若发现有问题应及时纠偏和加以控制。

第三，对于重要的、对工程质量有重大影响的工序，还应在现场进行施工过程的旁站监督与控制，确保使用材料及工艺过程质量。

第四，工序检查、工序交接检查及隐蔽工程检查。隐蔽工程应在施工单位自检与互检的基础上，经监理人员检查确认其质量后，才允许加以覆盖。

第五，复工前的检查。当工程因质量问题或其他原因停工后，在复工前应经检查认可后，下达复工指令，方可复工。

第六，分项、分部工程完成后，应检查认可后，签署中间交工证书。

2.现场质量监督与检查的作用

要保证和提高工程施工质量，现场质量监督与检查是施工单位保证施工质量的重要手段。现场质量监督与检查的主要作用如下。

第一，现场质量监督与检查是质量保证与质量控制的重要手段。为了保证工程质量，在质量控制中须将工程产品或材料、半成品等的实际质量状况（质量特性等）与规定的标准进行比较，以便判断其质量状况是否符合要求，这就需要通过质量检查手段来进行检测。

第二，现场质量监督与检查为质量分析与质量控制提供了所需的技术数据和信息，这是质量分析、质量控制与质量保证的基础。

第三，通过对进场使用材料、半成品、构配件及其他器材、物资进行全面的质量检查，保证材料与物资质量合格，避免因材料、物资的质量问题导致工程质量事故。

第四，在施工过程中，通过对施工工序的检验，可以及时判断质量，采取措施，防止质量问题的延续与积累。

第五，在某些工序施工过程中，可通过旁站监督，及时检验，依据所显示的数据，判断其施工质量。

3.现场质量监督与检查的方法

现场质量监督与检查的有效方法就是采用全面质量管理。所谓全面质量管理，就质量的含义来说，除了一般意义上的产品质量、施工质量，还包括工作质量、如期完工交付使用的质量、质量成本以及投入运行的质量等更为广泛的含义。就管理的内容和范围来说，它既要采用各种科学方法，如专业技术、数理统计以及行为科学等，对工作全过程各个环节进行管理和控制，又要发动有关人员，实行全员管理，即专业人员管理和非专业人员管理相结合。

全面质量管理的过程，就是从质量计划制订到组织实现的过程，所采用的基本方法可以概括为四个阶段、八个步骤和七种工具。

（1）四个阶段

质量管理过程可分成四个阶段，即计划（Plan）、执行（Do）、检查（Check）和行动（Action），简称 PDCA 循环。这是管理职能循环在质量管理中的具体体现。PDCA 循环的特点如下。

第一，各级质量管理都有一个 PDCA 循环，形成一个大环套小环、一环扣一环、互相制约、互为补充的有机整体。在 PDCA 循环中，一般来说，上一级循环是下一级循环的依据，下一级循环是上一级循环的具体化。

第二，每个 PDCA 循环，都不是在原地周而复始运转，而是像爬楼梯那样，每一循环都有新的目标和内容，这意味着在质量管理中，经过一次循环，解决了一些问题，质量水平有了新的提高。

第三，在 PDCA 循环中，"行动"是关键，这是因为在循环中，从质量目标计划的制订，质量目标的实施和检查，到找出差距和原因，只有采取一定措施，使这些措施成为标准或制度，才能在下一个循环中贯彻落实，质量水平才能得到提升。

（2）八个步骤

为了保证 PDCA 循环有效地运转，有必要把循环的工作进一步具体化，一般可细分为以下八个步骤。

第一，分析现状，找出存在的质量问题。

第二，分析产生质量问题的原因或影响因素。

第三，找出影响质量的主要因素。

第四，针对影响质量的主要因素，制定措施，提出行动计划，并预期改进的效果。所提出的措施和计划必须明确具体，且能回答下列问题：为什么要制定这一措施和计划？预期能达到什么质量目标？在什么范围内、由哪个部门、由谁去执行？什么时候开始？什么时候完成？如何去执行等。

第五，质量目标措施或计划的实施是执行阶段。在执行阶段，应按上一步所确定的行动计划组织实施，并给予人力、物力、财力等支持。

第六，调查采取改进措施后的效果，这是"检查"阶段。

第七，总结经验，把成功和失败的原因系统化，使之形成标准或制度，纳入有关质量管理规定中去。

第八，提出尚未解决的问题，转入下一轮循环。

前四个步骤是计划阶段的具体化，最后四个步骤属于执行阶段。

（3）七种工具

在以上四个阶段八个步骤中，需要调查、分析大量的数据和资料，才能作出科学的分析和判断。为此，要根据数理统计的原理，针对分析研究的目的，灵活运用七种统计分析图表作为工具，使每个阶段各个步骤的工作都有科学数据作为依据。

常用的七种工具有排列图、直方图、因果分析图、分层法、控制图、散布图、统计分析表等。实际使用的当然不止这七种，还可以根据质量管理工作的需要，依据数理统计、运筹学、系统分析的基本原理，采用一些简便易行的新方法和新工具。

（三）施工质量监督控制

对施工质量进行监督控制，一般可采用以下几种手段。

1.旁站监督

这是驻地质量监督人员经常采用的一种现场检查形式，即在施工过程中进行现场观察、监督与检查，注意并及时发现质量事故的苗头、影响质量的不利因素、潜在的质量隐患以及出现的质量问题等，以便及时进行控制。对于隐蔽工程的施工，进行旁站监督更为重要。

2.测量

这是按照几何尺寸、方位等对工程质量进行控制的重要手段。施工前，质量人员应对施工放线及高程控制进行检查，严格控制，不合格者不得施工；在施工过程中，也应随时注意控制，发现偏差，及时纠正；中间验收时，对于几何尺寸等不合要求者，应指令施工单位处理。

3.试验

试验数据是质量工程师判断和确认各种材料和工程部位内在品质的主要依据。每道工序中诸如材料性能、拌和料配合比、成品的强度等物理力学性能以及打桩的承载能力等，常需要通过试验获得试验数据，以此为依据进行判断。

4.指令文件

所谓指令性文件是表达质量工程师对施工项目提出指示要求的书面文件，用以指出施工中存在的问题，提出要求或指示其做什么或不做什么，等等。质量工程师的各项指令都应是书面的或有文字记载方为有效，并作为技术文件资料存档。如因时间紧迫，来不及作出正式的书面指令，也可以口头指令的方式下达，但随即应补充书面文件对口头指令予以确认。

5.规定质量监控程序

按规定的程序进行施工是进行质量监控的必要手段。例如，未签署质量验收单进行质量确认，不得进行下一道工序等。

三、水利工程施工质量事故的原因及处理

（一）水利工程施工质量事故的原因

1.水利工程施工常见质量事故发生的原因

水利工程施工质量事故的表现形式千差万别，类型多种多样，比如结构倒

塌、倾斜、错位、不均匀或超量沉陷、变形、开裂、渗漏、破坏、强度不足、尺寸偏差过大等，但究其原因，主要有以下几个方面。

（1）违背基本建设规律

基本建设程序是工程项目建设过程及其客观规律的反映，但有些工程不按基建程序办事，比如：未做好调查分析就拍板定案；未弄清地质情况就仓促开工；边设计、边施工；无图施工；不经竣工验收就交付使用等。这些都是导致重大工程质量事故的重要原因。

（2）地质勘查原因

诸如未认真进行地质勘查或勘探时钻孔深度、间距、范围不符合规定要求，地质勘查报告不详细、不准确、不能全面反映实际的地基情况等，从而导致地下情况不清或误判基岩起伏分布等问题，它们均会导致采用不恰当或错误的基础方案，造成地基不均匀沉降、失稳，使上部结构或墙体开裂、破坏，或引发建筑物倾斜、倒塌等质量事故。

（3）不均匀地基处理不当

对软弱土、杂填土、冲填土、大孔性土或湿陷性黄土、膨胀土、红黏土、岩溶、土洞、岩层出露等不均匀地基，未进行处理或处理不当，也是导致重大事故的原因。必须根据不同地基的特点，从地基处理、结构措施、防水措施、施工措施等方面综合考虑，加以治理。

（4）设计计算问题

诸如盲目套用图纸，采用不正确的结构方案，计算简图与实际受力情况不符，荷载取值过小，内力分析有误，沉降缝或变形缝设置不当，悬挑结构未进行抗倾覆验算，以及计算错误等，都是引发质量事故的原因。

（5）建筑材料及制品不合格

例如，骨料中活性氧化硅会导致碱骨料反应，使混凝土产生裂缝；水泥安定性不良会造成混凝土爆裂；水泥受潮、过期、结块，砂石含泥量及有害物含量、外加剂掺量等不符合要求时，会影响混凝土的强度、和易性、密实性，从而导致混凝土结构强度不足，引发开裂、渗漏等质量事故。

（6）自然条件影响

空气温度、湿度、暴雨、风、浪、洪水、雷电、日晒等均可能成为质量事故的诱因，施工中应特别注意并采取有效的措施预防。

除上述原因外，还有施工管理不当等，这里不再展开论述。

2.水利工程施工质量事故原因分析

由于影响工程质量的因素众多，所以引起质量事故的原因也错综复杂，应对事故的特征表现，以及事故条件进行具体分析。例如，大体积混凝土产生的裂缝大体上有两类：由于基础约束应力引起的贯穿性裂缝和由于内外温差产生的应力引起的表面裂缝。如果某工程大体积混凝土出现裂缝是表面性的细微裂缝，呈纵横交错无规律分布，而且根据施工记录，在浇筑后水化热温升较高时天气骤冷，寒潮袭击，而又未能及时防护，则可初步推断这种裂缝是由于内外温差过大，表面收缩受到内部膨胀的约束产生的应力引起的。

水利工程施工质量事故原因分析的步骤如下。

第一，对事故情况进行细致的现场调查研究，充分了解与掌握质量事故或缺陷的现象和特征。

第二，收集资料（如施工记录等），调查研究，摸清质量事故对象在整个施工过程中所处的环境及面临的各种情况。

第三，分析造成质量事故的原因。根据质量事故的现象及特征，结合施工过程中的条件，进行综合分析、比较和判断，找出造成质量事故的主要原因。对于一些特殊、重要的工程出现的质量事故，还需要进行专门的计算和实验验证，分析其原因。

（二）水利工程施工质量事故的处理

由于水利工程项目的实施具有一次性，生产组织特有的流动性、综合性，劳动的密集性及协作关系的复杂性，导致施工过程中质量事故具有复杂性、严重性、可变性及多发性的特点。施工中的质量事故一般是很难完全避免的。通过质量控制和质量保证活动，可起到防范事故的作用，避免事故后果进一步恶化，将危害程度降到最低。

1.水利工程施工质量事故处理的程序

水利工程施工质量事故发生后，一般可以按以下程序进行处理。

第一，当出现施工质量缺陷或事故后，应停止质量缺陷部位和其他有关部位及下一道工序的施工，必要时，还应采取适当的防护措施。同时，要及时上报主管部门。

第二，进行质量事故调查，主要目的是要明确事故的范围、缺陷程度、性质、影响和原因，为事故的分析处理提供依据。调查力求全面、准确、客观。

第三，在事故调查的基础上进行事故原因分析，正确判断事故原因。事故原因分析是确定事故处理措施方案的基础。正确的处理源于对事故原因的正确判断。只有提供充分的调查资料，进行详细、深入的分析后，才能由表及里、去伪存真，找出造成事故的真正原因。

第四，研究、制订事故处理方案。事故处理方案的制订应以事故原因分析为基础。如果某些事故一时认识不清，而且事故一时不致恶化，可以继续进行调查、观测，以便掌握更充分的资料数据，作进一步分析，找到原因，最后制订方案。

第五，按确定的处理方案对质量缺陷进行处理。发生的质量事故无论是否由施工承包单位方面造成，质量缺陷的处理通常都是由施工承包单位负责实施。如果不是施工单位方面的责任，则处理质量缺陷所需的费用或延误的工期，应由相关单位承担。

第六，在质量缺陷处理完毕后，应组织有关人员对处理结果进行严格的检查、鉴定和验收。

2.水利工程施工质量事故处理方案的确定

处理施工质量事故，必须分析原因，作出正确的处理决策，这就要以充分的、准确的资料作为决策基础和依据，一般的质量事故处理，必须有以下资料：

①与施工质量事故有关的施工图；

②与施工有关的资料、记录，如水利工程施工材料的试验报告，各种中间产品的检验记录和试验报告（如沥青拌和料温度量测记录、混凝土试块强度试验报告等），以及施工记录等。

应当在正确分析和判断事故原因的基础上编制质量事故处理方案。通常可根据质量缺陷的具体情况，对工程质量缺陷采取以下三类不同性质的处理方案。

（1）修补处理

这是最常采用的一类处理方案。通常当工程某些部位的质量虽未达到规定的规范标准或设计要求，存在一定的缺陷，但经过修补后可达到要求，又不影响使用的功能或外观要求，在此情况下，可以作出进行修补处理的决定。

（2）返工处理

当工程质量未达到规定的标准或要求，有明显的严重质量问题，对结构的使用和安全有重大影响，而又无法通过修补的办法弥补所出现的缺陷，可以作出返工处理的决定。例如，某防洪堤坝填筑压实后，其压实密度未达到规定的要求，则应进行返工处理，即挖除不合格土，重新填筑。

（3）不作处理

某些工程质量缺陷虽然不符合规定的要求或标准，但如情况不严重，对工程或结构的使用及安全影响不大，经过分析、论证和慎重考虑后，也可作出不作专门处理的决定。

3.水利工程施工质量事故处理的鉴定验收

事故处理的质量检查鉴定，应严格按施工验收规范及有关标准的规定进行，必要时还应通过实际测量、试验和仪表检测等方法获得必要的数据，最后对事故的处理结果作出确切的检查和鉴定结论。

第三节　水利工程施工安全管理

一、水利工程施工安全管理的内容

（一）建立安全生产制度

安全生产制度必须符合国家和地区的有关政策、法规、条例和规程，并结合施工项目的特点，明确各级各类人员安全生产责任制，要求全体人员必须认真贯彻执行。

（二）贯彻安全技术措施

编制施工组织计划时，必须结合工程实际，制定切实可行的安全技术措施，要求全体人员认真贯彻执行。如在执行过程中发现问题，应及时采取妥善的安全防护措施。在执行安全技术措施的过程中，要不断积累技术资料，进行分析研究，总结提高，以便于之后工程借鉴使用。

（三）坚持安全教育和安全技术培训

组织全体人员认真学习国家、地方和本企业的安全生产责任制、安全技术规程、安全操作规程和劳动保护条例等；新工人进入岗位前要进行安全纪律教育，特种专业作业人员要进行专业安全技术培训，考核合格后方能上岗；要使全体职工形成高度统一的安全生产意识，牢固树立"安全第一"的观念。

（四）组织安全检查

为了确保安全生产，必须严格安全检查，建立健全安全检查制度。安全检查员要经常查看现场，及时排除施工中的不安全因素，纠正违章作业，监督安全技术措施的执行，不断改善劳动条件，防止工伤事故的发生。

（五）进行事故处理

人身伤亡和各种安全事故发生后，应立即进行调查，了解事故发生的原因、过程和后果，提出鉴定意见。在总结经验教训的基础上，有针对性地制定防止事故再次发生的可靠措施。

二、水利工程施工安全生产检查

（一）水利工程施工安全检查的内容

水利工程施工现场应建立各级安全检查制度，工程项目部在施工过程中应组织定期和不定期的安全检查——主要是查思想、查制度、查教育培训、查机械设备、查安全设施、查操作行为、查劳保用品的作用、查伤亡事故处理等。

（二）水利工程施工安全检查的要求

第一，各种安全检查都应该根据检查要求配备力量。特别是大范围、全面性安全检查，要明确检查负责人，抽调专业人员参加检查，并进行分工，明确检查内容、标准及要求。

第二，每种安全检查都应有明确的检查目的和检查项目、内容及标准。重点关键部位要重点检查。对内容相同的项目，可采取系统观感和一定数量测点相结合的检查方法。对现场管理人员和操作工人不仅要检查其是否有违章作业行为，还应进行应知、应会知识的抽查，以提高管理人员及操作工人的安全意识。

第三，检查记录是安全评价的依据，要认真、详细填写。特别是对隐患的记录必须具体，如隐患的部位、危险性程度及处理意见等。采用安全检查评分表的，应记录每项扣分的原因。

第四，安全检查需要认真进行全面的系统分析，定性、定量进行安全评价。哪些检查项目已达标；哪些检查项目虽然基本达标，但还有哪些方面需要进行完善；哪些项目没有达标，存在哪些问题需要整改。受检单位（即使本单位自检也需要进行安全评价）可根据安全评价研究对策进行整改，加强管理。

第五，整改是安全检查工作的重要组成部分，是检查结果的归宿。整改工作包括隐患登记、整改、复查、销案等。

（三）水利工程施工安全文件的编制要求

施工安全管理的有效方法，是按照水利工程施工安全管理的相关标准、法规和规章，编制安全管理体系文件，编制要求如下。

第一，安全管理目标应与企业的安全管理总目标协调一致。

第二，安全保证计划应围绕安全管理目标，用矩阵图的形式将各要素展开，并按职能部门（岗位）将其分解到各项安全职能活动中去，依据安全生产策划的要求和结果，对各要素在现场的实施提出具体方案。

第三，体系文件应经过自上而下、自下而上的多次反复讨论与协调，以提高编制工作的质量，并根据标准规定，由上报机构对安全生产责任制、安全保证计划的完整性和可行性、工程项目部满足安全生产的保证能力等进行确认，建立并保存确认记录。

第四，安全保证计划应送上级主管部门备案。

第五，配备必要的资源和人员，首先应保证工作需要的人力资源，适宜而充分的设施、设备，以及综合考虑成本、效益和风险的财务预算。

第六，加强信息管理，日常安全监控和组织协调。全面、准确、及时地掌握安全管理信息，对安全活动过程及结果进行连续的监视和验证，对涉及体系的问题与矛盾进行协调，促进安全生产保障体系的正常运行和不断完善，形成良性循环的运行机制。

第七，由企业按规定对施工现场安全生产保证体系运行进行内部审核，验证和确认安全生产保证体系的完整性、有效性和适用性。

为了有效、准确、及时地掌握安全管理信息，可根据项目施工的对象特点，编制安全检查表。

（四）水利工程施工检查和处理

第一，检查中发现隐患应该进行登记，作为整改备查的依据，提供安全动态分析信息。根据隐患记录的信息流，可作出指导安全管理的决策。

第二，对安全检查中查出的隐患除进行登记外，还应发出隐患整改通知单，引起整改单位的重视。凡是有突发性事故危险的隐患，检查人员应责令停工，被查单位必须立即整改。

第三，对于违章指挥、违章作业的行为，检查人员可以当场指出，进行纠正。

第四，被检查单位领导对查出的隐患，应立即研究整改方案，按照"三定"原则（即定人、定期限、定措施），立即进行整改。

第五，整改完成后要及时报告有关部门，有关部门要立即派人员进行复查，经复查整改合格后，进行销案。

三、水利工程施工安全生产教育

（一）水利工程施工安全生产教育的内容

第一，新工人（包括合同工、临时工、学徒工、实习和代培人员）必须进行公司、工地和班组的三级安全教育。教育内容包括安全生产方针、政策、法规、标准及安全技术知识、设备性能、操作规程、安全制度、严禁事项等。

第二，电工、焊工、架工、司炉工、爆破工、起重工、打桩工和各种机动车辆司机等特殊工种，除进行一般安全教育外，还要经过本工种的专业安全技术教育。

第三，采用新工艺、新技术、新设备施工和调换工作岗位时，对操作人员要进行新技术、新岗位的安全教育。

（二）水利工程施工安全教育的种类

1.安全法制教育

对职工进行安全生产、劳动保护方面的法律法规的宣传教育，从法治角度认识安全生产的重要性，要让职工学法、知法、守法。

2.安全思想教育

对职工进行深入、细致的安全思想教育工作，使职工认识到，安全生产是一项关系到国家发展、社会稳定、企业兴旺、家庭幸福的大事。

3.安全知识教育

安全知识也是生产知识的重要组成部分，可以结合起来交叉进行教育。教育内容包括企业的生产基本情况、施工流程、施工方法、设备性能、各种不安全因素、预防措施等。

4.安全技能教育

安全技能教育的侧重点是安全操作技术，是结合本工种特点、要求，为培养职工安全操作能力而进行的一种专业安全技术教育。

5.事故案例教育

通过一些典型事故，分析事故的原因、教训以及为预防事故所采取的措施，对职工进行教育。

（三）水利工程施工特种作业人员的培训

特种作业是指容易发生人员伤亡事故，对操作者本人、他人及周围设施的安全有重大危害的作业。从事这些作业的人员必须进行专门培训和考核。与水利工程有关的主要有水轮机安装工、采石工、爆破工、石料粉碎工、潜水员、水手及河道修防工、大坝灌浆工等。

（四）水利工程施工安全生产的经常性教育

施工企业在做好新工人入场教育、特种作业人员安全生产教育和各级领导干部、安全管理干部的安全生产培训的同时，还必须使经常性的安全教育贯穿管理工作的全过程，并根据接受教育对象的不同特点，采取多层次、多渠道和多种方法进行安全生产教育。

（五）水利工程施工班前的安全活动

班组长在班前进行上岗交底、上岗教育，做好上岗记录。

1.上岗交底

对当天的作业环境、气候情况、主要工作内容和各个环节的操作安全要求以及特殊工种的配合等进行交底。

2.上岗检查

检查上岗人员的劳动防护情况，每个岗位周围作业环境是否安全，机械设备的安全保险装置是否完好有效，以及各类安全技术措施的落实情况等。

参 考 文 献

[1] 毕云飞.水利水电工程施工技术管理问题及对策[J].工程技术研究,2021,6(20):279-280.

[2] 蔡亚.中小型水利工程施工技术管理的创新进展[J].低碳世界,2022,12(10):142-144.

[3] 陈述,郑霞忠,余迪.水利工程施工安全标准化体系评价[J].中国安全生产科学技术,2014,10(2):167-172.

[4] 陈磊.水利工程中电力施工技术与管理分析[J].水利水电科技进展,2022,42(6):135.

[5] 褚洪彦.现代水利工程施工技术质量控制的措施[J].新农业,2021(24):44-45.

[6] 邓刚.均田沟水库大坝防渗帷幕灌浆设计分析[J].云南水力发电,2022,38(2):71-74.

[7] 邓景柳.简述水利工程防渗处理施工技术及管理注意事项[J].城市建设理论研究(电子版),2022(26):79-81.

[8] 董洪良.水利工程混凝土施工技术及其质量控制策略[J].冶金管理,2022(5):147-149.

[9] 郝冰涛.加强水利工程施工技术管理的注意事项[J].中国高新科技,2021(24):152-154.

[10] 何万社.下浒山水库工程大面积基础垫层砼施工技术及质量控制[J].陕西水利,2022(9):123-125+130.

[11] 胡瑜.提升水利工程施工技术和质量管理的策略探讨[J].四川水泥,2022(2):194-195.

[12] 黄爱博. 水利工程施工技术及管理对策[J]. 新农业, 2022 (15): 77-78.

[13] 黄兴银. 某水利堤段工程中水闸施工技术管控分析[J]. 黑龙江水利科技, 2022, 50 (4): 115-117.

[14] 解海军, 陈丽. 现代地理信息技术在水利工程施工管理中的应用[J]. 工程建设与设计, 2021 (23): 200-202+232.

[15] 鞠玉婷. 基于农田水利工程的围堰施工技术分析[J]. 价值工程, 2022, 41 (13): 38-40.

[16] 李兵兵. 水利工程施工安全管理探析[J]. 中国勘察设计, 2022 (4): 88-90.

[17] 李冬倬. 中小型水利工程施工技术管理研究[J]. 新农业, 2022 (19): 90-91.

[18] 李军怀. 水利工程隧洞开挖施工技术与质量控制[J]. 建材发展导向, 2022, 20 (20): 124-126.

[19] 李青旺, 廖欢, 刘安富, 等. 探究水利水电工程施工技术和管理措施[J]. 红水河, 2022, 41 (5): 113-116.

[20] 李泉青, 贺章明. 水利工程施工技术及其现场施工管理对策研究[J]. 工程建设与设计, 2022 (16): 149-151.

[21] 刘革. 小型水库除险加固工程施工技术[J]. 工程技术研究, 2021, 6 (22): 105-106.

[22] 刘美霞. 浅析信息化技术与水利工程施工管理的融合[J]. 中国设备工程, 2022 (20): 63-65.

[23] 刘勋. 水利工程施工现场管理技术要点分析[J]. 水利水电快报, 2021, 42 (增刊 1): 58-59.

[24] 陆宇杰. 现代数字技术在水利工程施工管理中的应用探讨[J]. 工程建设与设计, 2021 (24): 216-218.

[25] 罗汉城. 谈水利工程地基施工技术管理分析[J]. 珠江水运, 2022 (15): 55-57.

[26] 吕宁阳.浅谈水利水电工程混凝土施工常见问题与管理措施[J].人民黄河，2021，43（增刊2）：257-258.

[27] 马国春，范世运.水利工程渠道衬砌施工技术探讨[J].东北水利水电，2021，39（10）：30-31+36.

[28] 马兴杰.现代水利工程施工技术质量控制措施[J].工程建设与设计，2022（11）：264-266.

[29] 马智武.水利工程提升施工技术和质量管理的策略探讨[J].四川水泥，2021（10）：329-330.

[30] 梅艺宾.水库除险加固工程大坝帷幕灌浆施工方法与质量控制[J].黑龙江水利科技，2022，50（6）：176-178.

[31] 苗壮.农田水利工程的施工技术及管理探讨[J].当代农机，2022（5）：45-46.

[32] 祁晓.水利工程混凝土施工技术及其质量控制策略研究[J].工程与建设，2022，36（5）：1458-1461.

[33] 屈建刚.影响水利水电工程施工技术的因素及应对策略[J].四川建材，2022，48（9）：97-98.

[34] 任卫军.甘肃省泾川县朱家涧水库工程均质土坝填筑方法浅析[J].内蒙古煤炭经济，2022（9）：187-189.

[35] 隋军，陈培国.谈水利工程施工导流技术的应用管理[J].山东水利，2022（2）：64-66.

[36] 孙德波.公路工程施工现场安全管理标准化建设与提升路径[J].居业，2022（3）：166-167+173.

[37] 孙世福.水利工程灌溉施工技术关键点和质量控制分析[J].中国建筑装饰装修，2022（2）：45-46.

[38] 王佳.水利工程施工中BIM技术的应用探析[J].黑龙江水利科技，2022，50（2）：178-180.

[39] 王军. 水利工程施工安全浅析[J]. 新农业，2021（24）：82-83.

[40] 王军. 水利工程施工技术及其现场施工管理[J]. 新农业，2022（6）：74-75.

[41] 王丽霞. 信息化技术在水利工程施工管理中的应用探究[J]. 城市建设理论研究（电子版），2022（27）：36-38.

[42] 王贻胜. 农田水利工程施工管理中信息化技术的应用[J]. 农业工程技术，2022，42（12）：54+76.

[43] 王志航. 农田水利工程施工管理中信息化技术的应用[J]. 新农业，2022（10）：64.

[44] 韦凤年，王慧，赵洪涛. 在创新实践中提升水利工程效益：访重庆市观景口水利开发有限公司董事长张绍炜[J]. 中国水利，2021（19）：6-8.

[45] 乌云高娃. 信息化技术在农田水利工程施工管理中的应用[J]. 农业工程技术，2022，42（6）：68-69.

[46] 吴广杰. 水利工程施工及其管理分析[J]. 住宅与房地产，2022（13）：224-226.

[47] 吴运华. 提升水利工程施工技术和质量管理的策略研究[N]. 科学导报，2022-06-21（B03）.

[48] 伍仪保. 水利工程施工质量控制及管理措施[J]. 云南水力发电，2022，38（8）：275-277.

[49] 谢永春. 新时期水利施工技术创新管理的有效措施[J]. 城市建设理论研究（电子版），2022（27）：87-89.

[50] 薛峰，赵盼，任泽俭. 水利工程堤防质量控制与施工技术研究[J]. 建设监理，2021（12）：91-93.

[51] 薛炎彬，鲁丽贞，王小明，等. 超长底轴翻板闸门吊装关键技术[J]. 施工技术（中英文），2021，50（20）：56-60.

[52] 张虹龙，赵辛浩. 水利水电工程施工技术和管理措施[J]. 长江技术经济，2022，6（增刊1）：95-97.

［53］张坤.水利工程施工技术管理的研究［J］.低碳世界，2022，12（10）：127-129.

［54］张立岩.浅议加强小型农田水利工程施工建设与管理的措施［J］.南方农业，2022，16（12）：217-219.

［55］张琳琳.BIM技术在水利水电工程施工安全管理中的实践应用研究［J］.工程建设与设计，2022（3）：229-231+237.

［56］张喜瑞.农田水利工程施工技术难点及质量控制措施［J］.黑龙江粮食，2022（4）：79-81.

［57］张莹，张猛，印丽娟.浅析信息化技术与水利工程施工管理的融合［J］.中国设备工程，2022（7）：80-82.